同理心行銷

MARKETING *with* STRATEGIC EMPATHY

Inspiring Strategy with Deeper Consumer Insight

500強
正在用
顛覆傳統的
消費者洞察進化策略

by
克萊爾·布魯克斯
CLAIRE BROOKS

肖文鍵——譯

前言

本書旨在講解全球化的跨國企業如何透過運用深度的市場洞察力，在VUCA[1]時代中建立有效的行銷策略。我從自己多年的策略諮詢生涯中選取五十多個案例，帶領讀者瞭解世界五百大企業的管理者是如何運用同理心行銷策略的技術和方法，為世界知名品牌建立成功的新型行銷策略。

世界變化太快，傳統的策略規劃和市場研究方式已經無法適應新的需求，傳統的行銷理論也已經無法與當前各種卓越的行銷策略保持同步。世界五百大企業品牌的行銷重點是：建立一套靈活的行銷策略架構，將公司股東和外部合作都涵蓋其中。

1　VUCA：是volatility（易變性）、uncertainty（不確定性）、complexity（複雜性）、ambiguity（模糊性）的縮寫。VUCA最早是二十世紀九〇年代美軍用來描述冷戰結束後的世界狀態，隨後被引入商業領域並廣泛使用當前企業面臨的挑戰是如何在新的市場模式下，利用各種技能和工具培養自己的管理階層、員工和其他相關人士。同理心行銷策略是我在諮詢工作中形成的想法，核心思想是在消費者、客戶或者服務對象間建立同理心，透過學習形成「肌肉記憶」，使行銷策略的建構和運用可以更加靈活。無論是營利或是非營利組織，他們的管理者在與顧客交流時，都可以運用同理心行銷的策略方法和工具去學習、激發、產生更加深刻的洞察與策略，進而使企業在市場競爭中勝出。

本書的理論基礎根植於社會學、人類學、生物學、心理學、行為經濟學以及神經科學，透過跨學科的視角去理解客戶的思考、感知和行為方式。藉由在ModelPeople公司的工作思考和策略諮詢經驗，我建立了一套由工具、技巧和案例研究成果組成的「同理心策略」思想，執行的成果證明這方法非常有效，本書重點就是將這個行銷思想傳遞給讀者。

在過去三十多年的職業生涯中，我擔任過行銷經理、商學院教授、策略諮詢師和導師，而同理心行銷策略思想正是我多年職業經驗的總結。希望本書能夠為那些從事創意、銷售、策略、規劃工作的工作者，提供行之有效的新技術、新工具和新思想。我在MBA行銷課程中的學生們應該都已經知道到這本書的有用之處，因此，希望本書可以為正在攻讀碩士學位的學生提供一種綜合性的學科思維方式，去認識同理心行銷策略的形成，並做為一個有用的工具幫助他們進行自己的學術研究。

目錄

Chapter 3

以同理心策略為基礎，重塑行銷策略模型

Chapter 6

沉浸式研究工具與技術

Chapter 7

活化行銷策略的洞察

Chapter 8

啟發：策略學習的交流

第1章

行銷策略為什麼需要用同理心？

- 探討在「事先規劃」和「突發」兩種情況下，建構行銷策略的方式。
- 在行銷策略建構中，規劃和學習策略的方式。
- 探討「團體的策略學習」在成功建構行銷策略中的作用。
- 解釋「同理心策略」的涵義，以及為什麼同理心和數據是成功建構行銷策略不可或缺的因素。

開篇案例：美國傑西潘尼百貨公司的失敗行銷

羅恩．強生（Ron Johnson）是美國連鎖百貨業傑西潘尼百貨公司（J.C. Penney）的前CEO，他在這個職務僅僅待了十七個月就被開除。他到傑西潘尼百貨之前，曾在蘋果零售店（Apple Store）十幾年，並獲得極大成功。然而，這位久經沙場的零售老兵在傑西潘尼百貨公司執行的行銷策略，卻導致公司銷售額和股價出現災難性暴跌，二〇一四年還被BBC（英國廣播公司）評為過去十年最失敗的CEO之一。

羅恩．強生究竟做錯什麼？在羅恩．強生離職後，二〇一三年，傑西潘尼百貨公司在臉書（Facebook）上發布一則聲明，他們為「沒有聽取顧客的意見」而道歉，並表示已經從錯誤中得到教訓。聲明是這樣說的：「最近傑西潘尼公司做出一些改變，這不是什麼秘密。有些變化你們喜歡，有些不喜歡，但無論如何我們都從錯誤中吸取到教訓。得到一個非常簡單的經驗：傾聽你們的聲音，聽取你們的需求，讓你們的生活更加美好。回到傑西潘尼百貨吧，我們聽到你們的聲音了。」

傑西潘尼百貨公司原本可以避免這次的失誤，因為他們的研究團隊透過對核心用戶的調查早就得出結論：強生的新行銷策略將會失敗。傑西潘尼百貨的客群是收入中等的媽媽們，她們為自己能夠管理家庭預算、提供家人更好的商品而感到驕傲。在美國，母親們掌管的家庭開支高達一點六億美元，對其他家庭成員的購買有決定性的影響，沒有任何一個企業願意去冒險得罪這一客群。傑西潘尼百貨在兒童服裝、男女服裝以及時尚家居上的品質一向優良，因此，這些母親是他們的忠誠顧客。

根據以往的經驗，頻繁的促銷活動能吸引這些消費者走進傑西潘尼百貨，讓她們在為家人購買商品時也犒賞自己，例如為自己買一件新外套。四十九歲的辛迪是德州達拉斯一家幼兒園的教師助理，她有個十二歲的兒子和十一歲的女兒，她說：「我只為孩子花錢，他們正在長大，所有的錢都花在他們身上。我可以等他們長大再花錢。但如果有傑西潘尼百貨的優惠券，我就會考慮在結婚紀念日為自己買點什麼。」

傑西潘尼百貨的消費者不僅會考慮商品的品質和價格，還會判斷哪些才是真正「需要」的商品。對作為家管的家庭主婦而言，「需要」的彈性非常大。當有促銷活動時，她們就會走進商場，心甘情願地為自己和家人花錢。很多購物者會給自己選擇幾件商品，但隨後就會產生一定程度的罪惡感，質疑消費的合理性。不過促銷價格會讓她的心理恢復平衡。「我用半價就買到一件新外套，這錢花得太值得了。」對這位顧客而言，這意味著「我可以說服自己去買件衣服給自己」。

強生似乎認為，「天天低價」的銷售形式，會讓消費者意識到自己不該再對降價抱有任何期待。然而，他低估優惠券對這些女士們潛在的心理影響，在人生的特殊階段，女性們都是以家庭優先，在滿足家人的需求後才會用優惠券來犒賞自己。這與進出蘋果商店的千禧世代完全不同，千禧世代總是以自我為中心。所以，這完全是兩個不同的目標消費族群。

經濟學家諾爾·提區（Noel Tichy）把強生的錯誤歸咎於企業文化的錯誤。強生以及與他關係最密切的團隊，為此建立了一套管理體制，他們可以從美國加州趕來開會，卻沒空聽取在田納西州的傑西潘尼百貨公司團隊的意見和經驗。他帶來一群以前在蘋果公司的同事，卻未能和新同事進行良好的溝通。

最終在二〇一三年初（即百貨的忠實顧客紛紛流失時），強生被迫承認：我以為人們厭倦使用優惠券和所有諸如此類的東西，但總是有一部分消費者喜歡它們。她們因此被吸引到商場，興致勃勃地使用各種優惠券。因此，我認為我們的核心客戶比我想像的更加依賴和喜歡優惠券。

這段勉為其難的坦白讓人印象深刻，即使在他失敗的行銷策略餘波散盡，強生仍然對傑西潘尼百貨的核心消費族群缺乏深入瞭解。他從來沒有花時間去洞察客戶的生活，瞭解她們走進傑西潘尼百貨時懷抱的夢想、憧憬與動力，沒有理解她們的想法，急她們之所急。從來沒有去調查她們喜歡使用優惠券的方式和原因，也從未與她們建立同理心，而是簡單地假設：把蘋果公司的行銷策略「移植」過來，就可以輕易改變客戶的行為習慣。

強生離開兩年後，雖然傑西潘尼百貨重新啟用優惠券政策，但是許多流失的客戶並沒有再回去。費城的麗茲是一名內部審計員，她說：「我以前每週都會去傑西潘尼，但是他們停用優惠券之後，我就開始去柯爾（Kohl's）百貨（傑西潘尼的主要競爭對手）了。」

什麼是同理心？

研究者認為同理心包含以下兩種要素。

(1) **認知要素**：認識、理解對方觀點。

(2) **情感（情緒）要素**：分享他人的情感狀態。

情感要素是一種感知對方情緒的自發能力，普遍存在於動物的社會群落之間。社會神經科學研究顯示，當我們經歷某種情緒時，相似的神經迴路會處於活躍狀態，因此在看到他人經歷同樣的情緒時，我們會「感同身受」。相反，認知能力被認為是人類最新進化的成果，需要透過不停的認知努力，才能深入理解對方的體驗、信仰、意願和動機。換言之，我們需要具備主動的感知、認識和理解能力，去理解別人所思、所想、所為，從而建立同理心。

同理心並不是對他人簡單地表示「同情」，除了情感要素之外，同理心還需要建立在**認知**的基礎上。這就是同理心以及認知要素的定義，後面還會用到這些概念。

現在，讓我們看看如何建構行銷策略（理論和實踐），進而揭示同理心在這個過程中的重要作用。

如何架構行銷策略？

根據慣例，企業每年都會按照規定的程序制訂行銷策略，內容包括：確定企業在市場中的策略位置，確定目標客戶或消費者，並為他們提供優質的商品或品牌，由此整合出「消費者和品牌的每個接觸點」的戰術策略（例如定價、銷售管道、促銷方式等）。行銷策略包括中長期規劃（例如五年規劃），也包括年度規劃。第三章會詳細討論行銷策略的要素，此處不再贅述。

在企業中，一般由行銷部門承擔開發行銷策略的職責。不過，有的行銷部門更著重於宣傳工作（廣告、數位資產〔Digital Assets，數位授權的所有文字和媒體資源〕、促銷、產品包裝），制訂策略的責任可能會轉由一個專門的策略部門負責，並直接向CEO彙報。產品的改進或品牌的提升往往又是另外的部門負責（一般是向策略或行銷部門彙報），任務是藉由不斷的創新為未來推出新產品做準備。

除了這些部門直接承擔開發行銷策略的職責外，其他人員也可能會分擔一部分的責任，例如來自銷售、財務或是研發部門的人。特別是來自市場洞察（或市場研究）部門的人員，他們負責研究市場和客戶，也會被召集起來為企業決策提供支援。無論企業的組織架構為何，最理想的狀態是由來自不同職務、承擔不同職責、工作方式完全不同的人員，組成一個複合的網絡體系來共同參與行銷策略開發工作。具體內容見下頁圖1-1。

如何讓這個複合網絡體系中的參與人員，在行銷策略方向保持步調一致，對企業

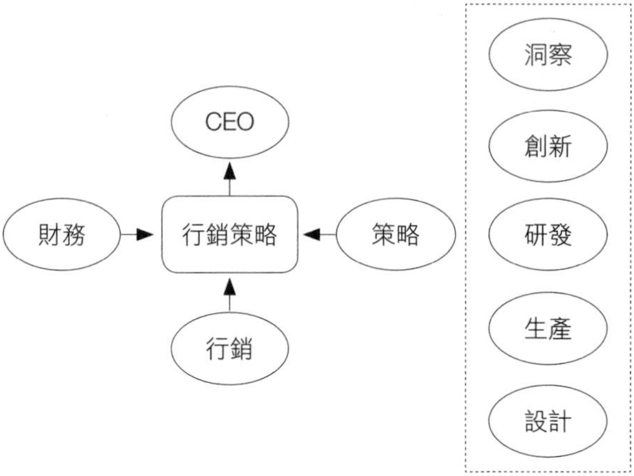

圖1-1　行銷策略參與者構成圖

來說是個巨大的挑戰，我們將會在本章詳細講解。在第四至第八章，會進一步講解實際應用的方式，介紹一些有用的方法和工具。

理論上來說，年度行銷策略的開發過程，是幫助行銷團隊找到對的行銷時機、高效分配公司資源的有效方法，透過策略開發使他們知道如何管理公司資源，進而為資源的使用確定優先順序。然而，如果我們去問行銷人員，公司的行銷策略是如何執行的，他們會說，執行和計畫完全是兩件事！客戶或市場競爭環境、新技術的出現，甚至政府部門法規的變化，這些經常會使得已規劃好和核准的行銷策略不得不進行修改。

一些學者提出，二十一世紀的我們生活在一個充滿顛覆性變化以及劇烈變革、不確定、複雜和模糊的時代，甚至由此產生了一個新的名詞：「VUCA時代」。因此，企業必須不斷學習，具備「敢於接納變化且適應力強」的策略思想。

顛覆性創新理論

為了應對潛在的顛覆性新技術和商業模式，行銷策略的適應性非常重要。從二十年前哈佛商學院名師克雷頓．克里斯汀生（Clayton M. Christensen）首次提出他的顛覆性理論以來，可以看到很多的市場新人使用顛覆性技術威脅到現有的市場領導者。克里斯汀生指出，即使市場領導者聽取了客戶的建議，耗費巨資培養滿足客戶需求的卓越能力，他們的失敗仍在所難免。因為現有的公司資源分配流程總是以「可持續創新、實現利潤最大化」為導向來設計，這一設計思想最關注的是現有顧客以及已被證明的市場。而顛覆性創新提供的是：比市場現有產品更便宜、更方便的替代品，直接鎖定低端消費者或是產生全然一新的消費族群，而不會去和行業領先者進行「硬碰硬」的貼身肉搏戰。例如，小米公司正是以銷售低價手機和其他電子產品作為起步，並獲得巨大的成功，目前正在搶奪大批蘋果品牌的高端客戶。

分析顯示，顛覆者仍然會去搶奪市場領導者的優質客戶，他們會抓住這一客群的痛點，提供更加優質的產品或服務，這讓克里斯汀生的理論受到質疑。Uber（優步）成功「收割」搭乘計程車的有錢人士，他們厭倦破破爛爛的計程車和粗魯的司機；Netflix（網飛公司）「收割」大批電影愛好者，他們被Blockbuster（百視達公司）的逾期滯納金弄得苦不堪言。蘋果手機比其他智慧型手機都要昂貴，但對於渴求設計精巧的消費者而言是恰到好處，因為普通的筆記型電腦不利於攜帶。現在其他學者不再否定瞭解客戶所思、所想、所為的重要性，他們認識到在理解客戶的需求、進行策略分析、以及對市場地位和產品供給做出重大決策時，「繁瑣的基礎工作」是不可取代的。

多年以來，人們已經了解到不應該死板地遵守規定和計畫，而應當重視策略的推行。例如，管理學大師詹姆斯・布萊恩・昆恩（James Brian Quinn）將這種類型的策略推行描述為「邏輯漸進主義」。在他的書中，昆恩指出真正的策略是隨著內部決策和外部事件匯集在一起後，在高層管理人員中產生關於新的、廣泛的共識行動。若「計畫」中沒有描述企業高層如何形成策略，漸進主義就會促成策略的形成，正是漸進主義中潛在的邏輯將策略的各部分組合在一起。因此，他將這種策略的形成過程稱為「邏輯漸進主義」。

自從昆恩首次提出「邏輯漸進主義」的概念以來，許多專家認為在實踐中，行銷策略往往不是由行銷或策略部門、甚至CEO可集中規劃和控制的。管理學大師亨利．明茨伯格（Henry Mintzberg）和麥吉爾大學管理學院的研究者表示，許多企業在規劃策略時經常忽視一個事實，就是策略的形成不是刻意安排、事先計畫好的，而是具有突發性。它是一系列的決策或行動方式，受企業管理階層、員工和其他相關人士的行為所影響。因此，企業中處在不同層級的人都能且應該成為策略家。

一個企業的策略師並不只是像工作職責描述的那樣，只來自策略、行銷或消費者洞察部門，他們可以是產品設計師、研發人員、銷售人員，甚至是企業之外的相關人士，例如零售採購、供應商或是廣告公司的經理。如果策略制訂真的具有突發性，那麼行銷策略的轉型變革，正是由這些來源廣泛的不同人士一點一滴的主動行為所引起。企業如何將這些來源多樣、跨職能的策略家培養成轉型變革的參與者，會是一個巨大的挑戰，這也正是本書探討的內容。在第四章到第九章，將會探討實現這一目標的方法和工具。

策略規劃

前瞻性方式：

找對明確的市場定位和實施方式

策略學習

應變性方式：

策略的轉換以組織學習為基礎

圖1-2　對比形成策略的方式

策略的學習和規劃

明茨伯格等人將策略管理分為十大思想學派，性質上又分為兩大區塊：其中三個是說明性的策略管理學派，另外七個是描述性的策略管理學派。前者主要研究策略應當如何形成，後者主要研究策略實際如何形成。按照學派的觀點，策略形成是一個不斷學習的過程，即找對品牌與客戶之間的接觸點，以應變的方式進行持續不斷的學習。「策略管理不僅是對變化的管理，也是透過變化來進行管理。」這一思想與計畫學派正好相反。計畫學派認為，策略產生於一個受控制的、正式的過程，該過程被分解成清晰的步驟，每個步驟都採用審核清單的方式進行詳細描述，並經由分析技術來支撐，強調策略形成之前的步驟和命令式的控制（見圖1-2）。

策略學習不是搞學術研究，不能消極被動。學習必須與了解客戶的接觸點（例如消費者行為、產品零售、廣告或促銷效果）相結合，必須能夠激發策略行動。如果不能激發行動，就不是策略學習。策略學習可以激發客戶對已被證明有效的活動模式產生「特定反應」，進而促使策略轉化為「實際行動」。例如，一個銷售員可以根據具競爭力的銷售數據（特定反應），針對某特定客戶族群試驗開發一種冷凍甜食新品，這種產品很快就銷售一空並且成為暢銷品（實際行動）。管理階層確定大方向後，會積極參與策略學習。譬如，一個跨職能部門小組可能會被授予任務，去研究一家汽車製造商如何給千禧世代的客戶提供更好的服務。

學術研究強調「走出去」的重要性，提倡透過「挑戰既有規則」激發策略學習。管理學大師約瑟夫・藍佩爾（Joseph Lampel）指出，從外部獲取知識是一個成功的「學習型企業」典型做法，可以幫助企業適應不斷變化的環境，取得更佳的表現。藍佩爾列舉了成功的應變型策略需要具備的前提條件：

- 引入新的聲音，尤其是年輕人、新入職者以及一般不參與行銷策略開發的人。
- 建立新的對話機制和視角，切斷舊有的看待市場、客戶需求和產品的方式。例如，我有一位從事汽車設計的客戶，他經常會邀請其他領域的專家（像時尚、室內設計、科技）討論如何實現他們的設計。

- 投入新的熱情和探索精神，讓員工有機會全心投入參與設計企業未來的工作。例如，可以透過經常性的內部小組座談、公開示範、共同創造會議等方式，提供機會讓員工一同參與策略的制訂。
- 新的試驗。在市場上展開小型、低風險的試驗，為建立真正的策略做學習準備。這已經成為科技公司進入市場前的必要策略。

行銷策略的形成兼具規劃性和應變性

無論是理論還是經驗都已經證明，在開發行銷策略的過程中涵蓋了規劃和應變兩種方式。學術研究顯示，領導力的關鍵不僅在於將行銷策略規劃為一個「策略和實際操作」的框架，還在於管理「策略學習的過程」，而新的策略正是產生於其中。由此看出策略和洞察專家的關鍵作用在於：把策略學習的過程概念化、可操作化，從而支援CEO的工作。本書第四章到第八章會介紹如何展開策略學習，實現上述說的應變策略和組織學習必須具備的前提條件。

案例 時尚行業的策略學習

創新的步伐和顛覆性的技術革新，這些都迫使企業採用策略學習的方式，去建立應變型行銷策略。我有一個客戶是全球時尚品牌的控股公司，它最大的SBU[1]產品銷售額出現持續下滑。公司的行銷和洞察團隊針對這一問題的原因進行認真分析，包括服裝產品（價格更低）的擠壓、穿著流行標準的改變以及時尚週期的出現。他們透過銷售管道拿到的內部數據顯示，包括全國性連鎖百貨公司（像傑西潘尼）和大型連鎖賣場（像沃爾瑪），這些曾經最大的銷售管道，現在也出現高於平均線的下滑。因此，我們需要將目光轉向購買行為的變化上，尤其是網路購物以及像美國連鎖折扣店TJ Maxx，這些出現在零售行業的顛覆性事物。

這家公司擁有獨立的創新部門，專注在產品和行銷策略長達五年之久，不過他們仍然希望短期內對直屬經理進行培訓，講授在行銷策略中如何應對突發性的經營挑戰。所以，洞察部門費心設計一堂策略學習課程，參與課程的人員包括產品設計、銷

---

1 SBU是Strategic business unit的簡稱，即策略性事業單位。它是企業中的一個部門單位或是一家子公司，有獨立的產品、行銷策略或市場，自行負責利潤和盈虧。

售和行銷部門的直屬經理，從副總裁到新晉提拔的經理（一般而言，他們的職責不涉及策略開發）共超過二十名。

我的公司ModelPeople針對主要市場的目標客戶，為他們提供為期四個月的沉浸式系列研究課程，包括四小時的民族誌訪談[2]和創意研討會（詳見第五、六章）。民族誌訪談的目的是：瞭解女士們對於不同場合做出的穿衣決定以及改變決定時所處的社會、文化和時尚環境。我們同時也對追逐時尚的潮流達人進行民族誌訪談，這個群體並不是他們的核心客戶，但這樣做的目的是想要瞭解時尚潮流的消費者是如何對市場產生影響的。

這些努力在幾次內部的創意研討會上發揮到了極致，為直屬經理提供洞察和創新的平台，他們可以暢所欲言地發表自己的想法和觀點，並參與規劃公司未來一至三年的行銷策略。這些經理們一致認為，策略學習課程是提升個人能力的好機會。更重要的是，在這裡他們可以與同事暢所欲言，分享自己對公司未來幾年發展計畫的想法。

組織學習始於個人學習

策略學習開始於個人學習，但不能個人化。將個人學習轉化為集體的組織學習，對於開放行銷策略至關重要。日本行銷大師野中郁次郎認為，當原有的市場開始衰弱、新技術突飛猛進、競爭對手增倍成長、產品淘汰速度加快的時候，只有那些持續創造新知識、將新知識傳遍整個組織，並迅速開發出新技術和新產品的企業才能成功（我認為，除了新產品外，新知識也可以加入行銷策略的其他方面）。

野中郁次郎強調，知識創新並不是簡單的「處理」客觀訊息，而是發掘員工頭腦中潛在的想法、直覺和靈感，並綜合起來加以運用。他把知識分為外顯知識和內隱知識，其中內隱知識包括信仰、隱喻、直覺、思維模式和所謂的「訣竅」，是一種主觀、長期發掘累積的知識，不能用幾個詞、幾句話、幾組數據或公式來表達，具有十分特殊的涵義，卻能夠成為創新的基礎，為客戶創造更大的價值。

2　民族誌訪談：是一種結合融入式觀察和定向訪談的技術。在人類學中，民族誌調查需要融入調查對象的生活和文化中數年以進行記錄和研究。民族誌訪談萃取這種調查研究的精神，在較小的範圍實行。它的目標不是試圖理解整個文化的行為和社會慣例，而是理解人們與單一個體互動時的行為和慣例。

野中郁次郎提到家用電器設計師研發新型家用烤麵包機的例子。有位家用電器設計師到飯店和那裡的麵包師傅拜師學藝，透過用心觀察、模仿和實作，掌握了麵包師傅的內隱知識，學習到關鍵的揉麵技巧，最終開發出一台可以製作美味麵包的家電。基於同樣原理，牛仔褲公司的設計師觀察到，微胖的女性在使用傳統牛仔褲的腰帶時，總是顯得不太合身，從而激發靈感設計出一款具備隱形彈力的新型舒適腰帶。當與這些女性交談時，她們都不願意使用傳統的鬆緊腰帶，因為不僅非常老土，還會讓她們看起來更胖。當穿牛仔褲時，她們希望展現自己年輕、性感的形象，於是，這種外形類似普通牛仔褲腰帶、隱藏彈力的新發明應運而生。

加拿大西安大略大學（The University of Western Ontario）理查・艾葳商學院（Richard Ivey School of Business）的瑪麗・克羅森、亨利・萊因和羅德里克・懷特曾建立一種關於組織學習的框架，這種學習分別發生在個人、群體和組織層面，而且三個層面相互聯繫。在「直覺」和「解釋」階段，個人在工作群體內部傳播和分享他們的內隱知識（經驗和暗喻）；在「整合」階段，工作群體可以對某一個策略主題進行共同理解；「制度化」階段是形成共同學習的最後一個階段，根植於組織策略的形成過程中。按照學習學派的觀點，集體策略學習是成功建構行銷策略的前提條件。

但是有一個例外，就是將集體策略學習視為成功應變型策略的前提條件。企業家學派對於策略形成的觀點強調，應變型策略建立在組織領導者的個人直覺、洞察和經驗基礎上。實際上，組織只有一個策略家，就是組織的創始人或ＣＥＯ。維珍航空（Virgin Atlantic）董事長理查．布蘭森（Richard Branson），和蘋果公司（Apple Inc）創辦人史蒂夫．賈伯斯（Steve Jobs），在他們兩個案例中，這一理論模型無疑是非常正確的，但是如果單純依賴一個人的學習，終將會導致策略錯誤。例如，在本章開篇提到的羅恩．強生，他的企業家策略模式是建立在賈伯斯的個人領導基礎上，造成的後果就是傑西潘尼百貨對於客戶的需求缺乏共同的「策略學習」，這是一種短視、盲目的表現。

雖然存在種種風險，但是在商業世界中，依靠個人學習和策略視野的例子並不少見，許多企業家憑藉自己獨特的策略眼光和個人魅力，創造的公司市值規模甚至遠遠超越傳統的全球五百強企業。一些企業鼓勵員工要像企業家那樣去思考，策略可以產生於企業內不同工作職務的員工之間，被採納後便可以形成主導性的策略。與傳統的大型企業相比，這種方式可以讓他們更迅速抓住突發的策略機會。

策略學習必須立基於同理心

策略學習就是在組織與消費者或客戶的諸多接觸點上採用「應變型模式」。學習可以發生在經營中的每個環節，也可以是對客戶數據的及時回饋。在數據中進行學習和洞察，比任何時候都更加重要，智慧型手機、商品掃描器等數據收集設備的普及和運算能力的大幅提升，都可以讓企業對大數據進行前瞻性的分析，這就是「大數據時代」。對許多企業而言，整合和管理大數據流，從中挖掘和分析出消費者的行為動向，進而指導行銷策略制訂，已經成為策略工作的一項重要內容。不過，我們當前還處在大數據意識覺醒的初級階段，未來將會為策略學習提供更多新的機會。

大數據可以知道客戶是誰（WHO）以及客戶的一些行為模式，這有助於企業對客戶行為做出預先推斷，指導行銷策略的制訂。然而，大數據卻無法告訴我們，消費者為什麼會有那樣的行為（WHY），更無法對消費行為的背景或環境（HOW）做出深刻分析。如果做不到這兩點，我們的工作只能算是完成一半。

大數據能夠協助企業做出策略決定。例如，大數據顯示，牙刷和牙膏的購買具有很強的關聯性，因此可以確定零售策略，把牙膏擺放在牙刷附近，將兩種商品搭配銷售。大數據還顯示，美白牙膏是銷售最快的品項，據此可以制訂創新策略，研發更加高級的美白牙膏。但是，大數據卻無法為我們提供「景象」。譬如，它不能幫助我們瞭解消費者為什麼會選擇特定的商品，他們美白的目的是什麼、心理上的需求是什麼，產品未達到他們要求的地方在哪裡（包括已經明確表達出來的，也包含潛在需求）。

掌握這些潛在因素，是成功制訂行銷策略或選擇正確創新方向的關鍵所在。大數據無法讓我們傾聽客戶的故事，無法得知客戶對美白產品的體驗、從而讓我們設計出更棒的產品，為客戶提供更好的體驗。大數據無法告訴我們，消費者是如何使用特定的美白產品，以及在使用過程中遇到的不便，所以我們無法掌握美白產品的設計要求，像是在口感和質地等方面的改善，提高產品的實用性自然也就無從談起。大數據無法讓我們看到這些場景：選擇牙齒美白產品的文化背景和符號學意義，這些可以讓我們理解客戶購買動機背後的文化因素、用戶做出購買決定的消費環境、用戶使用產品的家庭環境。所有這些因素都會影響策略決策的制訂，包括市場選擇以及產品的定位、設計和宣傳。

量化研究（我們把它定義為：透過結構化的問卷對樣本群體進行調查，獲取以數值方式呈現的數據）可以幫助我們填補其中部分空白。透過量化研究獲取消費者對美白產品的認知（積極和消極的），也可以在問卷中加入深層需求的問題。文本分析可以讓我們透過未編碼數據（來源於開放性問題），獲取更加豐富的認識，進而弄清楚用戶對於美白的真實體驗，以及設計、實用、感官方面的深度需求和喜好。可以委託第三方做一次IAT[3]，將具備美白功能的牙膏產品與競品進行比較，協助我們決定自己的產品是否可以有效進入美白牙膏領域，並對客戶進行足跡調查，分析他們在商場中是如何選擇美白產品。

諸如此類的調查都可以透過量化研究來實現。然而，許多量化研究的樣式過於簡化，以至於無法在更豐富的生活背景下理解用戶的所思所想。這是因為量化研究類似於大數據，是以產品本身（或是銷售）為背景進行，而不是以用戶為主要背景，因而無法真正反應用戶的真實生活，以及公司產品和品牌在他們生活中所占的地位。

品牌模式的行銷和創新策略帶來的危險是：盲目誇大產品和品牌在用戶生活中的角色和地位。羅恩．強生到傑西潘尼百貨工作後，只拿前東家蘋果公司的促銷數據（大數據）來做比較，而沒有走近去了解傑西潘尼百貨的客戶，他必須瞭解自家公司品牌在客戶生活中的位置，知道收入中等的女士們在購物時首先要滿足家人的需求，這樣他就會明白，為什麼在傑西潘尼百貨的行銷策略中，促銷活動會如此重要。

大數據和量化研究簡化了行銷ＫＰＩ[4]的衡量，而行銷ＫＰＩ對衡量行銷策略的有效性是非常重要的。然而，它卻不能給我們帶來真正的洞察和思考，無法真實還原消費者和客戶的想法與感受。我們無法聽到收入中等的女性們對生活的切身感受，她們所有努力的目標就是為家人提供滿意的商品，卻忽略了她們在購物時也會考慮自己的需求，希望藉由優惠券為自己買點東西。大部分的量化研究無法提供這種場景的「想像」，無法從容激發出個人主觀的預感、洞察和直覺。野中郁次郎和克羅森等人把隱喻、經驗和思維模式視為激發內隱知識的關鍵所在，而內隱知識恰恰是建立組織學習的基礎。如果只有量化研究，是無法讓我們在消費者或客戶的生活背景下與他們建立同理心，而同理心正是行銷策略成功的前提條件。

3　IAT：Implicit Association Test，是內隱連結測驗。這是一種透過測量概念詞和屬性詞之間的評價性聯繫，從而對個體的內隱態度等內隱社會認知，進行間接測量的新方法。採用的是一種電腦化的辨別分類任務，以反應為指標，藉由對概念詞和屬性詞之間自動化聯繫的評估，進而對個體的內隱態度做間接測量。

4　KPI：Key Performance Indicator，關鍵績效指標。對組織內部流程的關鍵參數進行設置、取樣、計算、分析，衡量績效的一種目標式量化管理指標，把企業的策略目標分解為可操作的工作目標工具，是企業績效管理的基礎。

同理心策略

想要把根本性策略順利轉化為行動，必須具備突破性的洞察力，而實現這一點的決定關鍵就是：對消費者和客戶建立同理心。成功的競爭性行銷策略，必須以同理心和數據為基礎，明確地講，同理心不是一種軟技巧。

事實證明，在行銷策略中，以同理心為基礎的策略學習，無論是營利還是非營利組織，都會成為集體學習的巨大力量。我把以同理心為基礎的策略學習稱為「同理心策略」。任何參與行銷策略制訂的人，都需要有「同理心策略」的理論知識和實踐技能，在一個學習型的企業組織中，任何層級的人都可以成為「策略家」。

對於「個人策略家」而言，策略的學習可以在工作中完成，但是要把個人學習轉變為集體的組織學習，並把學習「制度化」貫穿於全組織之中，是非常重要的，而這正好是行銷策略形成過程的根本。在許多商業組織中，以團隊為基礎、跨職能的學習方式可以吸收多元化的意見，建立有效的集體學習。約瑟夫·藍佩爾把這一點視為學習型組織的本質所在。這種團隊需要一種協調一致的方式來形成同理心，從而真正體會消費者與客戶的想法、感受和行為。在行銷策略形成的過程中，充分激發個人表達觀點，在關鍵問題上形成共識，那麼個人學習便可以納入組織學習中。我們把這種以團隊為基礎的學習和策略激發方式稱為「同理心策略過程」（Strategic Empathy Process）。

同理心策略過程始於團隊共同分享式的主動學習，這是制訂策略的基礎。我們把這種主動設計、以團隊為基礎的學習方式稱為「策略學習之旅」，學習的目的是獲得洞察力，進而激發形成策略，也就是說，企業的策略行動來源於企業的策略學習。無論是營利還是非營利組織，承擔制訂策略責任的團隊領導者必須培養駕馭策略學習之旅的技能，鼓勵來自不同職能部門、甚至是企業外部的人士共同合作。

策略學習之旅需要利用「所有能夠獲取的數據和洞察」來做為學習的支援，其核心是「身臨其境的體驗式學習」，也就是針對消費者或客戶進行深入瞭解，使產品契合他們的生活，就是前面提到的WHO、WHY、HOW。

第四章至第九章將講述同理心策略的過程，它是一種領導力工具，行銷、策略和洞察專家們可以運用這種工具，讓團隊中的每個「策略家」能對客戶建立成功的同理心策略，而這正是形成行銷策略的基礎。接下來會講解如何設計並執行策略學習之旅，以及如何把個人學習納入組織學習之中，進而激發行銷策略的形成。我會透過案例來說明這個過程，這些都是我多年來為世界五百強企業和非營利組織提供行銷策略服務的實際案例。

案例 技術策略的學習之旅

黛安滿臉通紅地從她的辦公桌下面爬出來，尷尬地做了個鬼臉並說：「我做不到。」她正在嘗試安裝一個新的路由器。我的團隊發現，她剛剛從一家大型電子設備商店購買到路由器。購買過程非常曲折。黛安是一個「電腦控」，在購物之前已經在網路上做了一番研究，但仍然弄不清楚不同的路由器在安裝上會有什麼不同。包裝說明書讓人一頭霧水，而且我們的研究人員不止一次看到電子設備的銷售員給她自相矛盾的訊息。

我的公司正在為一個家庭網路產品銷售商進行研究專案，他們被一家非常成功的Ｂ２Ｂ[5]網路公司收購，正努力借助快速發展的寬頻和家庭網路設備來增加業績收入。他們公司的路由器產品已經有百分之四十的市占率。之前，他們產品的目標消費者是「電腦達人」或是辦公室的經理，這些人擁有良好的技術能力，喜歡功能強的產品設計。隨著家庭ＷＩＦＩ的普及，這家公司新編制的消費者產品部門將目標鎖定在缺乏專業知識的消費者身上，於是，一個由洞察、行銷和工程專業人士組成的跨職能團隊，作為先發部隊開始為實現這個目標而努力。

擁有濃厚的工程或技術背景的公司，他們會發現自己很難和普通的消費者建立同理心，因為公司的員工都擁有極強的技術能力，這會讓他們對缺少專業知識的普通消費者喪失耐心。洞察部門的總監希望能與普通消費者建立同理心，進而激發公司的行銷、產品設計和創新策略。我們的任務是幫助他們在美國和歐洲推廣家用設計產品，以及發掘並記錄消費者在購買和安裝產品時遇到的困難。

首先，我們組織創意研討會，消費者可以參與並提供設計方案，表達自己的創新構想。參與的消費者為自己使用的路由器拍照，結合家庭室內裝修情況，然後討論路由器的改進方向，並與其他競品進行比較，找出產品的不足之處。公司會向設計師和工程師團隊提出新的設計概念以及回饋意見。

在研究的第二個階段，我們針對美國和英國的消費者進行實地調查，他們都是近

5 B2B：Business-to-Business，企業與企業間的一種商業模式，透過專用網路交換和傳遞數據訊息，以此來進行交易活動。

幾週在商場購買了這種新式路由器，然後回家進行安裝。安裝時會有專業的採訪者和攝影師對安裝和使用情況進行現場調查。這個過程的每個步驟都會使用專業錄影設備進行拍攝。英國和美國的主要電子設備零售商允許我們進入商店內部進行錄製，因為他們也很想知道如何簡化購買流程，讓銷售點的產品展示方式更完善，可以與客戶進行更好的溝通。

我們發現，雖然消費者在進入商場前已經在網路上做了一些研究，但在選擇產品時仍會忽略家中的具體情況。因此，銷售點的貨架布置和產品擺設展示，應該要能幫助消費者選擇最適合家庭環境的產品和當地通信業者的要求。對於商場員工進行的培訓中，最重要的就是如何指導消費者進行安裝。

消費者費力地找到合適的產品，然後進行安裝。我們會將這個過程拍成影片，提供給行銷和工程部門的核心團隊，然後他們負責研發新產品和撰寫設計說明書。最後，這個團隊研發出一種新產品，透過精心設計，可以讓用戶在設置界面的指引下，逐步完成以前經歷的繁瑣困難的安裝步驟。這款產品一推出，立刻大獲成功。《電腦雜誌》（*PC Magazine*）和許多媒體描述這款產品讓「安裝史無前例的便捷」。

洞察部門總監主導的這個過程其實就是策略學習，學習成果最終落實在行動上。

在這個案例中，產品本身、包裝設計以及商場銷售方式都發生了根本性的變革。

章節核心要點

1. 行銷策略必須兼具事先規劃與應變性

由於環境的不確定性，所以行銷策略必須同時具有事先規劃性、以及突發應變性，策略的演進要建立在組織團體不斷學習的基礎上。成功的企業會在行銷策略的形成過程中一直進行策略學習。因此，領導者的作用就在於推動和管理策略學習。

2. 人人都是策略家

策略學習應該要容納多樣的來源，尤其是員工的主觀洞察和外部相關人士的新觀點，也就是說，策略家存在於組織團體內部的每個層級中，這些層級都可以為行銷策略帶來突破性的新變化。

3. 策略學習的重點：對消費者建立同理心

按照學習學派的觀點，策略的形成可以視為一個策略學習的過程：找出「公司品牌與客戶之間的接觸點（產品、促銷等）」之應對方式，將這個學習轉化為策略。與消費者或客戶建立同理心是架構行銷策略的基礎，策略學習必須以此為重點。

第2章

策略學習的框架：情緒、需求、文化和決策

我們最自我的情感和想法，其實從根本上看，並不屬於我們自己。因為，我們思考時所用的語言和意境本身並非由我們自己創造，而是社會給我們的。

——哲學家艾倫·沃茨（Alan Watts，1915至1973年）

- 跨學科策略學習包含四種理論框架，目標是建立同理心策略，與消費者、客戶建立同理心，以此作為行銷策略的形成基礎。
- 對以下框架的核心概念進行概述：情緒、需求、目標和價值觀、文化和決策。
- 強調「展望未來」的觀點，將能更容易理解這四種框架。

章引言

喬希把一對肥胖夫婦的照片拿給我看並問我：「為什麼世界總是仇恨美國？他們只看到肥胖的美國遊客！我們吃下了包括食物在內的所有東西，是時候停止這種行為了。」

在一個年輕時尚達人們參加的創意研討會上，大家的討論圍繞在改變飲食習慣的話題上，我請成員選擇一個意象來隱喻「早餐」，然後這個活動的主題便發生了有趣的變化。

那天是二〇〇一年九月二十五日，是在九一一恐怖攻擊後兩週。我們本想取消這個研討會，但因為芝加哥離恐怖攻擊發生地比較遠，幾乎不會產生影響，因此選擇繼續進行。可是我們錯了。芝加哥的威利斯大樓（Willis Tower）是當時美國最高的摩天大樓，外面設置了路障，高樓層工作的人都在接受心理諮詢，諮詢師幫他們克服情緒創傷以及可怕的生理反應，例如無法控制的身體顫抖和噁心嘔吐。

整個城市都陷入恐懼中，劇烈的情緒波動讓這些充滿思想和智慧的年輕人開始進行文化反省。美國文化根植於貧困、辛勞和收穫的大西部開發史，因此非常重視樂觀主義、努力工作以及豐厚的物質回報等思想。物質富足的思想似乎激起了人們的憤怒、悲傷和厭惡（至少對喬希是如此）。這個特殊的時間點，對美國人來說意味著什麼？每個人是如何感受這一點的呢？

接下來的幾年，這些主題一遍又一遍地在年輕人的研究討論中出現。社會上有了新的時代文化思潮，影響著消費者的需求、情緒反應以及購買決策。例如，九一一事件發生後三年，在一項汽車設計調查中，我們和年輕的時尚達人討論「少即是多」（Less is more）的設計美學標準。對他們而言，「少即是多」既是情感概念又是文化概念。在情感上，他們排斥當時流行的SUV（Sport Utility Vehicle，運動型多用途車）龐大的外形和冗贅的裝飾（他們從需求的角度出發得出此結論）；在文化上，九一一事件後，他們與喬希感受到相同的氛圍：被束縛。

什麼是文化？文化如何影響消費者的行為？社會文化的行為準則和價值觀對消費情感的作用有多大？情感是大腦的產物還是身體的產物？社會環境如何影響情緒反應？對於想理解消費者行為的行銷策略團隊來說，這些問題非常重要。

情感科學作為一個新興領域，彙集心理學、哲學、經濟學、社會學、人類學和神經科學的研究。然而，瑞士情感科學中心（Swiss Center of Affective Sciences）的主任克勞茲·薛爾（Klaus Scherer）堅信，把這些不同的學科觀點在研究中融為一體是項巨大挑戰。對從事消費者洞察研究的專業人士來說，他們在每天的工作中也同樣面臨這種挑戰。因此，本章的四種理論框架，為多學科屬性的策略學習提供堅固的基礎，幫助專業行銷人員與消費者或客戶建立同理心，這正是同理心行銷策略的基礎。本章目標就是對這四種理論框架進行概述。

框架一：情緒

「情緒是什麼？」這是美國心理學家威廉·詹姆斯（William James）早年一篇文章的標題，他認為情緒體驗是我們對身體發生生理變化的感受。我們是因為發抖才感到害怕，而不是因為害怕才發抖。情緒理論框架的其中一個難題是：**無法給情緒一個統一的定義**。從神經科學的角度講，情緒是純粹的大腦功能。處理情緒的腦部區域也承擔著情緒、記憶、注意力和學習之間的相互作用（第八章會討論這一點對同理心策略過程的涵義）。

其他研究者把情緒分為兩類：一是原始情緒或基本情緒（以威廉·詹姆斯的理論

為基礎），它是人與動物共有的，每種基本情緒都具有獨立的神經生理機制、內部體驗和外部表現，並有不同的適應功能。二是次級情緒或複雜情緒，它是由兩種以上的基本情緒組合形成的情緒複合體，包括情緒的各種變化及混合情緒，隨著個體認知的成熟而逐漸發展，並隨著文化的不同而變化。在這個章節中，大家可以發現，把情緒與消費者行為聯繫在一起是非常有用的理論架構，我們還會探討消費者的需求是如何與情緒發生關聯的。

基本情緒

基本情緒包括七種人類共有的原始情緒：憤怒、快樂、悲傷、驚訝、厭惡、輕視和恐懼。根據心理學家湯姆金斯（Tomkins）的觀點，這些情緒之所以被稱為「基本情緒」，是因為它們經過自然選擇（natural selection）的進化過程，可以激發人類在普遍和基本的環境下（例如威脅和攻擊）做出自我保護的行為。

在基本情緒的框架下，情緒被視為人類還是爬行動物時所留下的原始遺留物，是大腦皮質結構作用的結果；而思考和理智則屬於大腦皮質，層次更高。這說明某些情緒的產生是不受主觀意識控制的。此外，還有一些情緒產生於「對目標的追求」，能對環境具有適應性。例如，受到威脅時通常會產生消極情緒，遇到機會時通常會產生積極情緒。情緒還會受到實現目標進度的影響，例如，事情進展順利，人會感到驕傲和自信；進展緩慢，則會感到沮喪。

進化論解釋了人類為什麼總是「準備著」以某種特定方式去感受和行為，舉例來說，見到蛇會感到恐懼，遇到人身攻擊會準備抗爭反擊。情緒被觸發後，會引起其他生理和認知的反應，從而對環境的刺激做出相對應的反應。像是憤怒會產生生理變化，如血管擴張，導致血流加快，促使身體肌肉為戰鬥做好準備。

美國心理學家保羅．艾克曼（Paul Ekman）認為，臉部表情可以表現「基本情緒」所引起的生理反應，不同文化的臉部表情會有共通性。研究者已經證明，在靈長類動物和盲人身上也可以觀察到相同的臉部表情，這說明「情緒化」的臉部表情存在著共同的生理基礎。這個理論已經應用在某些消費者行為的研究方法中，使用「臉部影像」代表「共通情緒」，藉此對消費者無法言表的情緒反應進行評價，像是消費者對廣告宣傳的反應。艾克曼經過努力開發出臉部動作編碼系統[1]，在今天已經得到廣泛應用（例如機場安檢），可以根據臉部肌肉運動的差異來區分不同的情緒。

基本的情緒框架還有些不完善之處，因為研究者還沒有對基本情緒的數量和種類達成一致意見。此外，神經科學家對於「每個基本情緒對應一種獨特的神經反應」這一點，還存在不同意見。例如，神經科學家雅克・潘克沙普（Jaak Panksepp）對哺乳動物腦部共通的七種主要原始系統進行定位，每種情緒都會經過腦部的特殊迴路，這些迴路對應特殊的神經傳導物質和激素，經過自然選擇的進化，最終激發特定的動物行為。例如：關愛會引發養育行為，痛苦則與社會化動物之間的分離有密切關係。美國醫師兼科學家藍道夫・內斯（Randolph M. Nesse）總結指出：「基於情緒塑造的過程，進化論思想為情緒的描述和分類提供了基礎。」

刺激後的評估

最新的研究已經不再圍繞基本情緒和普遍情緒，研究者認為情緒經過生理和社會進化，已經具備複合性，並且也受到文化的影響。在薛爾的成分處理模式（The Component Process Model, CPM）中，情緒被定義是一種「個體面臨刺激事件後進行

---

1 臉部動作編碼系統：Facial Action Coding System，簡稱FACS。保羅・艾克曼和他的研究人員透過觀察，描繪不同的臉部肌肉動作和不同表情的對應關係。他們根據人臉的解剖學特點，在臉上發現四十三種動作，每一種都由一塊或好幾塊肌肉的運動構成，各種動作之間可以自由組合。

評估」的過程，主要作用是為身體的反應做好準備。這裡的「事件」可以來自外部，例如，雷電交加的暴風雨、一次社交經歷或一則廣告；也可以來自內部，例如，一次心理變化或對過往的回憶。根據薛爾的觀點，這一過程包含「大規模的力量動員」，包括無意識的心理反應、主動性評估以及隱藏的主觀感受。

這種評估（刺激評估檢測，stimulus evaluation checks，簡稱SEC）是指確認相關度的評估。以刺激事件的相似性、內在愉悅度（它們是否傳遞快樂或痛苦，薛爾認為在所有情緒中，這兩種是最基本的情緒），以及個體的目標和需求為基礎，對面臨的事件進行評估。評估還受到「來自認知和激勵機制的輸入訊息（input）」所影響，而這種輸入訊息包含像是注意力、記憶、動機、理智和自我概念等。這些機制提供儲存的訊息（像是對某一品牌的態度和傾向）以及評估標準（例如刺激事件對個人自我概念的重要程度、個人的信仰和價值觀）。

評估可以發生在不同層面，其中前兩個層面是無意識的評估：感覺到產生行為處理過程（例如，有人威脅我們時，我們會選擇逃避）和圖像處理過程，即根據相似性的程度指引常規的行為（例如，我總是購買同一品牌的牙膏）。只有第三層面是有意識和主動為之的評估。薛爾指出，除基本情緒之外，還有數不清的情緒事件

（Emotional Episodes），這就可以說明，由於輸入訊息的複雜性，所以兩個不同的個體在面對同一種刺激時會做出完全不同的反應。他把情緒區分為功利情緒（例如恐懼、歡樂或希望）和審美情緒（像是對藝術或音樂的反應），前者會使身體為了保護我們的健康或為了存活下來而做好行為準備，後者則不具備這種功能。

薛爾的研究對行銷人員很有啟發意義，因為它反應出：情緒事件會對複雜的輸入訊息進行直覺評估，例如對品牌的態度、傾向和自我概念。我們將在第三章中進一步討論，如何在行銷策略中管理這些輸入訊息。薛爾的研究還包含了無意識情緒過程的觀點，這對理解行銷的刺激作用與方式非常重要。我們將會在本章後面討論這個問題。不過，薛爾自己也承認，要對各種情緒以及相關的身體和心理的輸出訊息進行測量是不可能的，他建議研究參與者可以使用情緒的「情態家族」進行自我測量和自陳報告（憤怒、敵視、輕視、憎惡、羞愧、厭倦、悲傷、焦慮、驚奇、興趣、希望、寬慰、滿足、幸福、欣喜、自豪）。

薛爾指出，情緒體驗是以「具有主觀、獨特文化的專業術語和分類」來進行描述。其他對於基本情緒的泛文化屬性的反駁來自人類學家，他們認為環境和文化對情緒的表達、解釋和分類都有影響。例如，芝加哥大學人類學家理查·史威德（Richard

Shweder）在談論人類學家的觀點時指出，不同文化表達悲傷的方式不同，有些公開表達情緒，有些遠離公眾生活，有的透過身體的疼痛反應情緒。他的結論是，世界上可能存在著「文化特有的情緒」，即透過「情緒化的外表」來表現需求、希望、信念和價值觀，這在獨特的文化生活中有重要作用。語言學家也指出，在不同文化中，情緒體驗的語義表達和涵義差異甚大。情緒還可能具有「感染力」，一個人會觀察他人在某種場景中（像是在擁擠、嘈雜的環境或社群媒體上）的反應，從而決定自己該表現出什麼樣的情緒。

情緒和記憶

當威脅我們的事件被成功避免，或當歡樂的場景得以重現時，情緒就會激發我們的記憶能力，這是進化的結果。當我們把一個事件進行編碼存入記憶中時，情緒的刺激能更容易吸引我們的注意力，並讓我們對事件本身投入更多關注。人們都會尋找情緒中的涵義，因此就會從更深的層面來處理事件。一旦對事件進行編碼，情緒事件就會在記憶中反覆鞏固，最後形成長期的記憶留存。這一點對行銷策略非常重要，因為它意味著：如果能和積極的情緒聯繫在一起，消費者和客戶就可以更容易記住品牌體驗或品牌刺激。如果這種積極的聯繫能夠得到持續鞏固，記憶也會更清楚、更持久。但有個前提：與品牌的具體聯繫必須非常清晰有力，例如標識、顏色、包裝設計等顯著的品牌特點能夠進入我們的腦子。我曾參與過一個專案，替一家汽水品牌重新設計外包裝。我們採取「深度視覺化」（Deep Visualization）的方式調查這個品牌的忠實用戶，發現在過去二十多年間，在喚回用戶對品牌的愉悅情緒體驗上，「瓶子的形狀」有非常重要的影響。

神經學家喬瑟夫·雷杜克斯（Joseph Le Doux）最早提出「情緒記憶」的概念，他發現大腦的杏仁核（Amygdala）在引發情緒記憶方面有重要作用。情緒記憶分為兩種類型：外顯記憶（Explicit Memory）和內隱記憶（Implicit Memory）。前者是在意識的控制下，讓過去的經驗對當前行為產生有意識的影響，又稱受意識控制的記憶（可以主動回憶和描述）；後者是指在不需要意識或有意識回憶的條件下，個體的過去經驗對當前行為自動產生影響的現象，又稱自動、無意識的記憶（由行為或心理的變化間接引發，例如，一個人之前對某個品牌有糟糕的體驗，久久無法釋懷，或是一想到這個品牌心跳就會加速，那麼他就可能會不自主地避免選擇這個品牌）。

研究顯示，即使是伴隨著生理變化（出汗、嘔吐感），情緒記憶還是具有更多生動且敘述性的細節。記憶提取（Memory Retrieval）分為兩類：「記住」（有意識地回憶事件和事實）和「熟悉」（無意識地感受到以前經歷過的刺激）。情緒記憶與記憶提取有關。在第六章會重點討論「深度視覺化」技巧的使用方法，這可以促使消費者在長期的記憶保持（Memory Retention）中對一個品牌形成詳細生動的情緒記憶。

內隱記憶的提取可以提高熟悉度，也就是對以前經歷過的情緒刺激的感覺。促發效果實驗（Priming Experiments）已經證明，即使是未經主動處理的情緒刺激，也會對行為產生影響。例如，社會心理學家羅伯．載陽（Robert Zajonc）曾經做過一個有趣的實驗，他讓一群人觀看某校的畢業紀念冊，並且確定實驗對象不認識畢業紀念冊裡的任何一個人。看完後再請他們看其中某些人的相片，有些照片出現二十幾次，有的出現十幾次，而有的則只出現一兩次。之後，讓看照片的人評價他們對照片的喜愛程度。結果發現，照片出現次數愈高的人，被喜歡的程度愈高；比起只看過幾次的新鮮照片，人們更喜歡那些看過二十幾次的熟悉照片。也就是說，看的次數越多，喜歡的程度就越高。

在行銷環境中，促發刺激（Priming Stimuli）是對消費者展示情緒化的品牌印象（例如品牌定位和市場行銷組合[2]）。因此，在建立品牌定位和執行市場行銷組合時，要理解消費者對品牌的情緒聯想（Emotional Associations），並加強積極正向的聯想。「情緒記憶」對消費者行為的影響更加強調了這一點的重要性。

在第三章將會探索加強「情緒記憶」的方式。在第五章和第六章會討論獲取情緒聯想（積極和消極的）的深刻洞察方法及工具。此外，「熟悉」比「記住」的運作速度更快，而且大腦都有惰性，它會依靠直覺或是尋找捷徑來提取無意識的記憶，這為品牌決策帶來重要的啟示，我們會在本章的「框架四：決策」中進行討論。

框架二：需求、目標和價值觀

做行銷策略會耗費大量時間考慮消費者的「需求」，從最簡單的理論層面來看，「需求」是動機的內在來源，影響一個人追求或逃避目標。需求往往與失去相對應：如果我們被剝奪了食物，就會去尋找食物。早期的研究者提出了生理需求（如飢餓）

---

2 行銷組合（marketing mix），通常指行銷4P，價格（price）、產品（product）、促銷（promotion）、通路（place），近年增加到7P，實體展示（physical evidence）、人（people）和流程（process）。

和心理需求（像接納、認可）的組合模型。

知名心理學家馬斯洛（Maslow）的需求層次理論把人類需求像階梯一樣從低到高按層次分為五種，分別是生理需求、安全需求、社交需求、尊重需求和自我實現需求。此理論認為這些需求是人類共有的，不存在文化上的差異。路易斯·泰（Louis Tay）和艾德·迪安納（Ed Diener）的研究証明，普遍性的基本需求確實存在，但沒有必要像馬斯洛認為的按照順序進行分層。這或許可以解釋為什麼當人們的心理、社交和尊重需求得到滿足時，即便是基本需求沒有得到滿足，仍然會感到幸福。這個研究還證實，社會中一個人的幸福感也會受到其他人的幸福感所影響。如果幸福的人與不幸的人建立同理心，就會影響他的幸福感。

「需求」會促使情緒產生。在上一節討論了兩種主要的情緒理論，它們都指出，情緒包含對個體目標無意識或有意識的評估，同時也會激發個體做出行動。一些研究者相信，任何目標都與情緒有關。與之相反，進化論的學者認為，有些情緒總是包含具體的目標。例如，內疚總是與道德價值觀有關。在行銷策略中，需求和相關情緒一般透過分層進行評估，具體內容如下。

- 功能需求：消費者需要某種產品去解決他們面臨的問題，例如清洗衣服。
- 情感需求：消費者會感受自己面臨的問題或是使用產品後的想法。例如：對於順利完成一件事情感到自豪，在洗衣過程裡，從洗衣精那令人愉悅的味道中獲得情緒上的滿足。
- 自我表達需求：消費者在使用某種產品後希望達到的目的。譬如：身穿乾淨的衣服讓自己看起來乾淨俐落、楚楚動人；選擇一個有價值的品牌，讓自己看起來更有氣質。
- 自我實現需求：產品能幫助消費者實現自己的目標和價值。

在第三章會討論在這個層次理論中，如何把產品的優點與消費者的需求聯繫起來，以及如何整合產品的優勢來進行品牌策略定位。

價值觀也會影響個人和群體的目標以及情緒。例如，思考一下「貪婪是好事」（Greed is good）這句話，曾經人們以此為傲，然而在後全球化經濟衰退的當下，卻只能引起人們的厭惡和憤怒。

對於制定行銷策略的人來說，在他們的策略學習之旅中，從文化和社會典範的角度去深刻理解消費者的價值觀，至關重要，因為文化價值觀既是品牌槓桿的潛在支點，也有可能是損害品牌形象的潛在來源。

舉個例子，美國電視台明星主持人寶拉·狄恩（Paula Deen），她的美食節目專門介紹傳統南方美國人喜歡的飲食和風俗，受到廣大歡迎，然而在二〇一三年，卻因為多次使用帶有種族歧視的「侮辱性言辭」，被美食頻道（Food Network）解僱。品牌往往是價值觀的展現，尤其是服務類品牌表現特別明顯，因為每天會有許多人接受服務。因此，應變型的品牌策略也必須落實在每天的日常上。

框架三：文化

文化是一個熱門的詞彙。二〇一四年，《韋氏英文辭典》（*Merriam-Webster*）宣布「文化」是當年的年度單字，「文化」一詞的查詢次數比任何字彙都多。然而，人們對「文化」卻沒有統一的定義（就像「情緒」一樣）。

如同本章開篇引用艾倫·沃茨的話，文化對人類的思維和情感非常重要，我們已經看到文化的信仰和規範對「人類情緒和需求理論框架」的影響。接下來主要探討文化的理論框架，並在此框架內理解文化的內涵，以及它對消費者的想法、感受和行為所產生的重要作用。

文化是什麼

英國人類學家馬林諾斯基（Malinowksi）反對進化論提出「人類文化進步是從野蠻走向文明」的觀點——從巫術思維到科學思維。《金枝》（*The Golden Bough*）的作者人類學家詹姆斯．弗雷澤（James Frazer）就持此觀點。對他而言，每種文化個體都是一個完整的系統，各個組成部分（例如藝術品、物品、觀念、習慣、價值觀和技能）之間，與外在物質環境都相互關聯。他指出，文化任何一方面的功能都在於滿足個體生理、心理和社交需求。馬林諾斯基強調文化與人類學研究同步的重要性。這與美國人類學家法蘭茲．鮑亞士（Franz Boas）正好相反，他強調的是那些能夠界定一個文化之獨特個性的過往歷史。

如果說馬林諾斯基是把重點放在個體需求上，那麼早他三十年就開始研究的法國社會學家埃米爾．涂爾幹（Emile Durkheim）則把文化視為獨立於個人的實體。在涂爾幹看來，當時的自由個人主義的完美典範（就是把社會目的視為滿足個人需要）是錯誤的。每個個體天生就屬於一個業已存在的文化或社會，並在其中塑造個體的發展。集體的理想、信念、價值觀和象徵（集體表徵）並非來自個體的有意識狀態，而是來自整體社會，它的一個功能就是促進群體的團結。例如，哀悼不是個體悲傷的表現，而是社會組織所賦予的責任，它將群體中的成員凝聚起來，表達永遠失去親人的悲傷。社會規範（如宗教）承擔著表達「集體思想」的功能，而集體思想賦予社會的功能既有完整性又有個體性。

法國人類學家克勞德・李維史陀（Claude Lévi-Strauss）把語言學及語言學的概念應用在文化研究中，探索人類文化「隱藏在表面特徵下的深層結構」，他的研究方法稱為結構人類學（Structural Anthropology）。在語言學理論中，語言是依靠「編碼」和習俗進行交流。社會群落之間能夠識別這些「編碼」，卻無法清晰地進行表達（除非進行語言學的訓練）。同樣的，文化和社會行為也由基礎編碼構成，社會群落之間認識編碼，卻往往不能有意識地透過語言表達出來。例如，基礎編碼構成了一個文化內「雄性」和「雌性」（即男性和女性）的不同行為和認知。

李維史陀還強調「體系的概念」：在一個體系內，無論是語言還是文化的「單位」意義不能被單獨理解，只能透過彼此之間的相互關聯去理解。例如，我們需要透過「單位」之間的關係去理解一個句子。同樣的道理，我們需要將社會體系的「單位」意義當作一個整體來看待（例如，我們觀察親屬關係或者宗教就是如此）。

最後，李維史陀指出，如同語言學的作用在於尋找「一般規則」，人類學的作用在於尋找跨越不同文化、具普遍性的人類思維方式。人類主要的思維方式結構是透過二元對立（Binary Opposites，例如男性和女性）呈現，而普遍性的表達則需要依靠文化環境（就像我們表達「雄性」和「雌性」那樣）。總之，李維史陀對文化的結構主義觀點可以視為一個辯證概念，即共同符號交流體系，它可以根據「基礎編碼或習慣」產生動態的涵義。人類學家的作用就在於理解這些基礎編碼和意義體系。儘管人類可能無法有意識地對編碼進行解釋，卻存在著經驗主義的證據，證實這些編碼的確存在。

講了這麼多觀點和思想，對行銷策略有什麼幫助呢？對行銷和洞察人士而言，**「文化」是一個用於理解消費者的框架，就像透視鏡一樣，可以幫助我們瞭解消費族群是如何思考、感受和行為，從而可以制訂出更好的行銷策略。**品牌、產品類別以及品牌傳播方式（如廣告、包裝或是零售環境）都可以納入這個理解體系。編碼代表「獨特的品牌定位」和「策略實施的涵蓋範圍」，而它們正是建構品牌的基礎，透過這種方式與文化理解形成共振。因此，行銷策略必須去研究文化。

文化研究

不同的學科領域研究文化的視角就會不同。涂爾幹從社會學角度界定文化研究，進而理解社會體系和社會意識，認為文化產生於「整個社會群體所處的環境」；李維史陀從結構人類學的角度理解文化研究，尋找人類意義形成的基礎結構。而本書是從社會文化人類學的角度來認識文化研究。

二〇一六年，美國人類學會（American Anthropological Association）把社會文化人類學定義為一門「研究跨文化的社會模式和習慣」的學科。我們可以把「人類文化」定義為共有的信仰、價值觀、行為、符號象徵意義以及領域組織（例如社會、歷史、物質世界、物欲世界、藝術世界等）。研究人類文化的兩大主要領域是民族誌和符號學。

民族誌是在特定的生活環境中對人類行為進行實地調查研究和記錄，研究對象是社會文化體系和日常慣例。對於人類學研究的方法，馬林諾斯基是第一個強調實地調查要以主位或「內在」方式來進行的人，就是對一個民族中的個體進行第一手觀察，

「……具備本地化的視角……融入成為他們生活中的一部分」。

美國人類學家克里弗德・吉爾茲（Clifford Geertz）描述民族誌是「深厚描述」（Thick Description），他認為「文化是由可以解釋的記號所構成的交叉作用的系統制度，文化不是一種引發社會事件、行為、制度或過程的力量；它是一種風俗的情景，在其中的社會事件、行為、制度或過程可被人理解——也就是深厚描述。」吉爾茲承認自己關注的是文化的符號意義（建立在李維史陀的理論基礎上），他說：「我主張的文化概念，實質上是一個符號學的概念。」

然而，吉爾茲仍然告誡不能脫離社會環境和需求，即「政治和經濟的約束，以及文化賴以支撐的生物和物質需求」。在第五章和第六章，將會詳細討論如何進行民族誌研究。除此之外，網際網路已經使社會文化體系以亞文化形式在網路上發展——有時甚至是整體文化的發展，這誕生了研究文化的新方式：網路民族誌和線上民族誌，這會在第五章探討。

符號學根植於語言學理論之中，是一個廣泛的研究領域。義大利哲學家安伯托・艾可（Umberto Eco）定義符號學為「研究所有能被視為符號的事物」，包括物品、習俗、文字、照片或電影圖像、電視、音樂等。對語言學家費迪南・德・索緒爾（Ferdinand de Saussure）而言，符號學則是研究符號在社會生活中的作用。他界定語言的第一步工作是區分「語言」和「言語」，認為這樣區分後的語言，是屏除使用者個體因素後屬於社會群體的、同質的東西。如果將這種區分方法運用於文化研究，就可以把構成「意義」的基礎編碼或習俗體系與個體使用的訊息進行區分。研究符號（符號學）可以讓研究者對構成消費者態度和行為的基礎編碼進行分析推論。透過辨別編碼和訊息，符號學為行銷提供了一個框架，在這個框架內可以對品牌特徵（本身就是符號的表現形式）進行相對應的管理，為消費者提供混合的符號元素，例如包裝、廣告或是現場銷售體驗（這些本身就是習俗體系）。在第三章，將會詳細解釋如何執行這一方法。在第六章會討論如何將「隱喻誘引」（Metaphor Elicitation）和「深度視覺化」作為研究工具來理解編碼和品牌特徵。

符號學理論還包含「語言行為」的思想，就是符號本身與出現符號的環境之間的關係。就如同說話者會根據不同的交流環境選擇不同的語言方式一樣，消費者會根據個人目標，在不同的環境中選擇或轉換文化編碼。例如，在關於義大利麵醬的一項研究中，我們發現女性會根據當時的餐點和她們自己的期望，在「家庭」和「慾望誘惑」兩個編碼之間進行切換。每個這樣的文化編碼都具有獨特的符號：四代同堂的一家人圍坐在餐桌旁；或是紅酒與燭光。美國社會學家厄文・高夫曼（Erving Goffman）指出，人們會根據環境的不同來選擇符號，透過使用相對應的符號表現個人形象。基於同樣的方式，消費者會根據他們期望的場景使用不同的編碼，根據他們希望表現的個人形象，選擇不同的品牌或是不同風格的服裝。

當談到自我認同（Self-Identity）時，環境也非常重要。在符號學中，指示語[3]是對一句話進行準確解釋的參考。根據法國語言家學埃米爾・本維尼斯特（Émile Benveniste）的解釋：「我」是話語的事實（場景）……「我」代表正在說出當時包含「我」的話語的那個人。

在民族誌中，明白某個場景中「我」具體指稱的對象，這一點非常重要。例如，「我」（本書作者）是一個孩子的母親，是一個丈夫的妻子，「我」是英國人又是美國人。消費者「個人自我角色的轉化」反應出不同環境的變化。相對的，他們會選擇不同的商品，表現出個人的獨特特徵。

3 指示語（deixis）：語言學與符號學的交叉學科。傳統上區分為三個範疇：人、地方與時間的指示，例如我、這裡、現在。指示語具有「指點」的特性，藉此引導聽者或讀者的注意力。

李維史陀指出，可以透過二元對立分析文化編碼，我們採用語言學家阿爾格達斯．朱利安．格雷馬斯（Algirdas Julien Greimas）以語言學為基礎的「符號矩陣」來做到這一點。他將李維史陀的簡單二元對立擴充為四元，使得敘事分析更為完善。符號矩陣對制訂行銷策略很有幫助，因為它可以勾勒出思想的一致性和文化的衝突點，從而為品牌找出新的潛在定位空間（在第三章會詳細討論）。

案例 愛探險的Dora

我們接受一家全球玩具製造商的委託，為一個以虛擬小馬為主角的奇幻節目尋找品牌定位。這個節目以學齡前女童作為目標觀眾，但市場上已經有《愛探險的朵拉》（*Dora the Explorer*）動畫片，因此面臨到激烈的競爭。

《愛探險的Dora》由美國尼克兒童頻道製作，是一部風靡全球的美語教學動畫片，講述可愛活潑的女孩朵拉（Dora）和好朋友布茨（Boots）的探險旅程。朵拉天真、可愛、充滿好奇、熱愛探險，每一次探險她都會教小朋友一些日常生活中有趣、實用的英語單字和算數，是專為學齡前兒童及母親們設計的益智節目。

於是，我們讓母親們寫信給自己的女兒，詢問她們未來的夢想以及想如何實現這個夢想。透過這種方式我們發現，在母親與女兒之間的文化衝突裡，朵拉占據了焦點位置，母親們希望自己的女兒能為即將開始的小學生活做好準備。透過符號矩陣的方式，我們可以看出（對一個母親而言）二元對立是「兒童的世界」和「成人的世界」（女孩們即將進入的世界）。（即將關閉的）兒童世界的特徵是「想像中的人物和影像」，而（即將打開的）成人世界的特徵是「目標、任務和現實的生活」。在兒童的世界中，與母親相處是最重要的關係，而在成人世界中則會出現新的關係，這種關係非常重要，但與母親毫無相關。

也就是說，「朵拉」占據著兩個世界之間的位置，即現實和虛幻世界的交匯處。朵拉本身就具備多種文化元素，她混合了多種女孩的性格形象（一個聰明的小女孩，穿著短褲，展現出自信、樂觀和堅定）。她在好朋友的幫助下，來到成人世界進行探險。

重要的是，我們的客戶品牌是一個實體玩具，而朵拉是在電視和電視遊戲中進行探險，這是一種女孩們都喜歡的現代媒體類型。朵拉代表著母親們的夢想，即女孩們已經為即將進入成人世界做好準備。

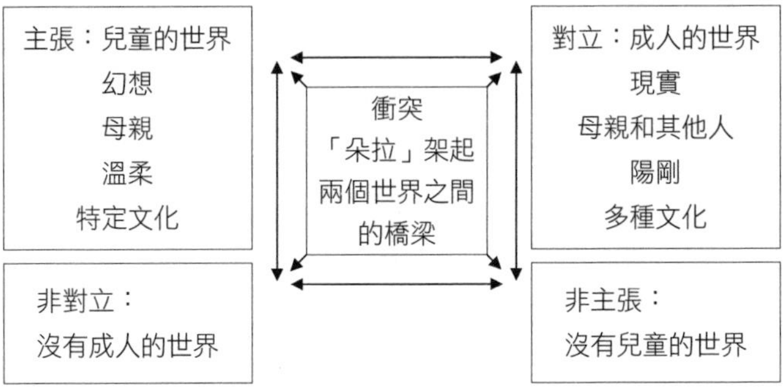

圖2-1　符號矩陣：女孩的玩具品牌定位分析

我們的客戶面臨到二選一的局面：一是讓他們的品牌存在於兒童世界中，另一是找到方法占有兩個世界的重疊空間，藉此吸引年齡稍大的女孩們。

框架四：決策

從傳統意義上來說，消費者的購買決定被認為是理性的，從某種角度說，是呈直線型推進。例如，品牌管理的鼻祖大衛・艾克（David Aaker）認為，消費者透過以下三個階段與品牌建立關係：**認知階段**，認識品牌的品質和特徵；**認同階段**，享受品牌帶來情感上的好處；**忠誠階段**，透過重複體驗，與品牌建立忠誠的情感關係，最後接納品牌獨特的個性。

購物決策研究

購買品牌的過程可以透過圖2-2的漏斗來呈現，行銷可以在漏斗的每個階段透過恰當的接觸點來獲取消費者信任。例如，透過電視廣告可以提升消費者對產品的認知度，透過現場促銷活動刺激消費者的購買慾望等。

為了反應當前複雜化的購買管道，以及消費者透過社群媒體和網路對品牌訊息二十四／七（一週七天、一天二十四小時）的接觸，有人建議對這個漏斗圖進行改進。麥肯錫就建議，當消費者對網路上的消費進行研究時，要拓寬自己的視野，考慮接納以前不認識的品牌。

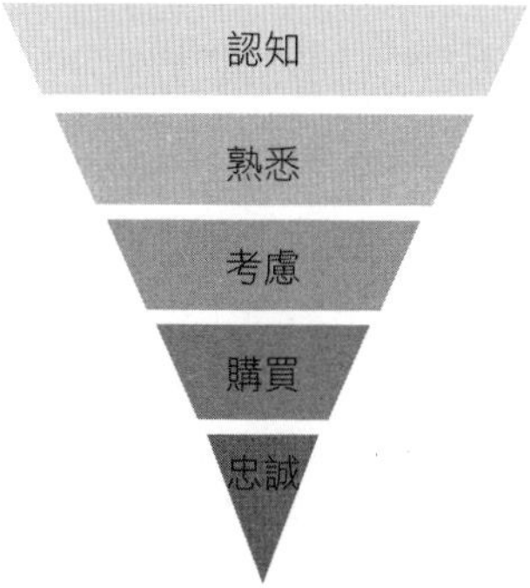

圖2-2　購買漏斗

隨著網路優惠和社群媒體促銷的盛行，在購買傳統的日常用品時，也同樣需要拓展自己的思維方式。然而，在過去二十多年，受心理學和經濟學領域新研究的驅使，我們看到企業大量投入於提升消費者洞察能力和行銷能力。這些研究顯示，消費者的決策可能並非是直線型，在消費時做出購買決定的原因，比人們想像的要更加難以預測。當前的行銷策略應當考慮「如何將購物者從消費者中分離出來」，為彼此建立互補的策略。

美國國家科學院院士安東尼歐・達馬吉歐（Antonio Damasio）在威廉・詹姆斯（William James）的身體感覺和情緒研究的基礎上，提出「軀體標記假說」（Somatic Markers Hypothesis），他認為位於大腦前額葉皮質後部的腦島能監控身體發出的生理信號，人的直覺來自腦島和杏仁核發出的信號，這些信號是「軀體標記」，能幫助人們「感覺」事情是否正確，調節人們在不確定和複雜環境中的決策行為。他指出，決策會受到過去體驗的「軀體標記」所影響，使人對潛在的選擇結果產生好或壞的情緒。當消極的「軀體標記」（例如對某個品牌的糟糕體驗或負面聯繫）與潛在選擇聯繫在一起時，身體就會自動拉警報，提醒人們不要做這個選擇（達馬吉歐透過皮膚電導的方法進行測試，這是一種皮膚生理反應的測試方法，將在第六章進行介紹）。

行為經濟學的其他研究已經支持了自動決策的理論，而經典的經濟學理論認為，決策是一個理性的、由認知主導的過程，人會根據有意識的理性思維去做出合理的購買決定。

早在一九五七年，美國管理學家赫伯特・西蒙（Herbert Simon）就提出「有限理性標準」（Bounded Rationality Model），認為人的理性是處於完全理性和完全非理性之間的一種有限理性。他提出決策者在決策中追求「滿意」標準，而非最優標準。所謂滿意，是指決策只需要滿足兩個條件即可：一是有相對應的最低滿意標準，二是策略選擇能夠超過最低的滿意標準。如果把決策譬喻成大海撈針，最優型決策就是要求從海底所有的針當中撈出最尖、最好的那枚，而滿意型決策則只要求在有限的幾枚針當中，撈出尖得足以縫衣服的即可，即使還有更好的，對決策者來說沒有意義。

最近，心理學中關於雙重歷程理論（Dual Process Theory）的研究指出，構成決策基礎的認知系統包括兩種不同的相互獨立部分：一個是自動化歷程（Automatic Processing），其不受認知資源的限制，不需要有意識地注意，是自動進行的。自動化歷程發生比較快，形成之後較難改變。另一個是有意識的控制歷程（Controlled Processing），受到認知資源的限制，有意識的參與，可以隨環境的變化而不斷調整。加拿大心理學家基思・史坦諾維奇（Keith Stanovich）和美國心理學家理查・韋斯（Richard West）率先提出「系統一」和「系統二」兩個術語，用以說明大腦存在的這兩套系統。之後心理學家丹尼爾・康納曼（Daniel Kahneman）將其分別描述為「直覺」和「理性」。

這一理論在理解購物者行為方面非常有效，原因就如康納曼所說，在購物時主導消費者的是系統一。一般而言，消費者不會理性線型地做出決定，而是在直覺判斷的幫助下，自動快速地做出決定。按照康納曼的說法，並沒有一個範圍明確的清單可以涵蓋直覺判斷，學術和行銷的研究可以幫助人們更加瞭解直覺判斷是如何左右人們的決策。直覺判斷的例子如下。

- 可得性（Availability）：能夠輕易進入思維影響選擇的一種重要直覺判斷。對購物者而言，過去的購買決定「更容易得到」，因此也更容易遵循舊例再次購買。持續使用的行銷方式像是廣告或符號式的包裝等，能容易引起購物者的情感共鳴，幫助他們強化購物

表2-3　決策背後的認知系統

系統一：直覺	系統二：理性
無意識且快速地運作	以控制的方式緩慢運作
產生印象	產生判斷
尋找決策的捷徑（啟發）	對印象進行監控，可以支持或是拒絕直覺判斷，但是是懶惰的
規避損失	準備去冒風險或是做出犧牲
做出例行的購買決定	願意去評估新產品

習慣，或是透過對某個品牌的「高度可得性」，而在購物現場做出新的決定。尤其在購物現場可以設置實體的提示物來觸發購物者對品牌的共鳴，這也解釋了與品牌定位同步的包裝設計為何對品牌符號的確立如此重要。就像純品康納（Tropicana）重新設計產品包裝後，二〇〇九年銷量增加超過二〇%。

- 代表性（Representativeness）：這是另一個非常關鍵的直覺判斷，透過利用產品的相似性來規避理性的選擇。在設計包裝時，考慮某種產品的慣例非常重要。例如，使用綠色和植物形象來代表「自然」或「健康」的食品。設計如果沒有包含「代表性」的線索，產品就可能被購物者忽略，因為這就無法提供他們直覺判斷，因而發現某類產品的好處。反之亦然，如果賦予品牌足夠的「代表性」，就可以使品牌在某類產品中脫穎而出。
- 框架效應（Framing）：當衡量一個交易時，人們重視「損失」的程度遠超過「獲得」。購物者會根據他們的期望進行認知上的預先判斷，因此，做決定時更傾向將風險或損失（痛苦）最小化，而非收益（快樂）最大化。這就是為何新品牌為了把試驗的風險降到最低，往往會進行大幅度的打折促銷，或是提供售後服務。

- 情感（Affect）：我們已經知道行銷刺激是如何引發購物者的情感（情緒）反應，這其實也是一種直覺判斷。例如，舒適的商場環境可以讓消費者保持積極的情緒，更容易傾向於獲得積極的結果，去購買讓自己滿意的商品。

我沒有利用「購買漏斗」模型解釋直線型購物決策的處理過程，而是發現在制訂行銷策略時，要充分考慮在購買的過程中，直覺判斷能對消費者做出購物決定的影響。購買決策的過程可以分為三個階段：購買前、購買時和購買後。研究發現，購買後的階段比人們之前認知的更加重要，因為購物者會透過網路和社群媒體分享自己的購物體驗。在某個鎮痛產品的活化研討（Activation Session）中，我們使用雙重歷程架構為模型來解釋消費者的直覺判斷，激發產品創新。這包含透過改進包裝設計上的符號以及設計購物環境，藉此恰到好處地激發消費者的直覺判斷，即根據消費者遭受疼痛的不同類型，來滿足他們不同的需求和情感模式。

購物情境研究

情境是指購物者看到某一產品時的背景和環境，對消費者的購物決定有至關重要的作用。情境既可以是宏觀，也可以是微觀。在第三章會探討品牌的宏觀情境（如社會背景、文化、經濟、技術或政治場景）以及相對應的行銷策略。這裡主要討論幾種類型的微觀情境。需要注意的是，實際生活中的情境遠不止這些。

- 需求。研究顯示，消費者在購物前對品牌都有一個意向範圍，會根據當時的情況和自己的具體需求做出最後的選擇。美國學者針對千禧青年們做的一項研究發現，如果是一個人吃午餐，時間緊湊時，他們會選擇麥當勞；如果和朋友在一起或是時間允許，他們會選擇稍微高檔的餐廳度過一段快樂的時光。
- 競爭。消費者發現，透過「比較」來判斷不同產品之間的優劣，比單獨判斷產品的絕對價值更加容易一些。研究顯示，消費者對中間價位的產品表現出更明顯的偏好。「比較」價格能讓消費者心中有數。研究也證明，不同品牌產品之間的競爭，可以引導購買意向和購買頻率。例如，某家咖啡店在與星巴克競爭時，會強調自己是一間「鄰家咖啡店」，可以提供更便利的產品和服務。
- 群聚。人都是社會化的動物，都會在社交或是群聚場景中做出決定。消費者可能非常羨慕別人購買的產品，然後會直接複製對方的購買行為，這就可以解釋為什麼新的時尚產品會迅速傳播。又或者他們可能會（有意或無意）採納別人的建議，這會影響到他們最後的決定。研究顯示，在八〇%到九五%的時間裡，人們都在與他人分享情緒（儘管很多時候這種分享非常沒效果，而且有時分享的都是負面情緒），這充分證明了感性敘事（Emotional Narrative）在品牌宣傳上的重要性。分享情感故事可以觸發聽眾相同的情感，形成擴散效應。

- 視覺。很多品牌一直透過媒體宣傳強化自己的市場定位，這就可以解釋為什麼很多主流的時尚品牌會在《*Vogue*》（綜合性時尚生活雜誌）刊登廣告，選擇與其他時尚品牌為伍。現在的社群媒體可以讓消費者自己構想與品牌的關係，這在一定程度上稀釋了行銷人員控制品牌情境的能力。反之，品牌可以從消費者的良好口碑中獲益。
- 地域。之前很多品牌都標榜自己為「全球化」產品，以此顯示自己的權威性，但千禧世代消費者的價值觀發生了轉變，他們更喜歡看起來「本土化」。例如，絕對伏特加（Absolut Vodka）推出一系列「芝加哥」和「田納西」等限量版產品，引發消費者的本土情懷。
- 通路管道。產品銷售的情境會影響消費者對產品的認知。相對於在普通商店買到維生素產品，美國消費者更信任高檔健康超市中的產品品質，像是天然有機食品連鎖店全食超市（Whole Foods）。因此品牌廠商總是追求能夠對消費者產生影響的銷售管道，也是時尚品牌開設旗艦店的原因，因為他們可以控制消費者接觸產品的情境，不用依賴商場為了滿足自身商業目標而進行的商品展示。通路管道的場景也會對購物者的思維傾向產生影響，像是購物者如何抵達商場，他計畫消費多少錢等等。

案例 倉儲式會員超市如何影響購物者的思維和行為

自從經濟危機發生後，好市多（Costco）和山姆俱樂部（Sam's Club）這樣的大型連鎖倉儲式會員超市，比其他大型零售商發展得都要迅速。儘管每年的會員費只要五十多美元，但好市多現在已經是世界第二大零售商。毫無疑問，購物者在這種大型超市消費，會將低價作為購物的首選。

然而，在一項民族誌研究中，透過觀察消費者在超市場景的行為，發現情緒模式與低價間只存在很鬆散的關聯。我們觀察到，當消費者在大型超市的購物走道來回閒逛時，會變得非常興奮。他們並不是在尋找便宜的產品，而是想為家人買到一件令人驚喜的商品，或是為社交聚會準備材料。

倉儲式會員超市就是一個非常理想的場所，迎合購物者的購物目的和社交需求，再加上低廉的價格和大包裝的商品，創造出一種獨一無二的場景，引發消費者不由自主地為家人和朋友購買商品的慾望。

超市會員珊迪說：「每個人都是來串門子的。孩子們忽然把朋友從學校帶回家做客，我需要準備足夠的食物！」

妮可說：「我有一個大家庭，總是有人要過生日，我知道要買很多東西。我是跟著母親在這裡購物長大的，現在在做同樣的事情……這就是傳統。」

對這些購物者而言，倉儲式會員超市就代表著充足的商品和低廉的價格，可以充分滿足他們的社交需求。免費的試吃和經常性的新產品推銷，更是強化了貨品充足的印象，讓購物者期待著下一次聚會和下一次來此的「旅程」！

美國學者蘇珊・傅立葉（Susan Fournier）提出品牌與消費者關係（簡稱品牌關係）的十五種類型，並且認為「依戀」是所有強勢品牌關係的核心。她指出，許多類型的品牌關係是把品牌當作情境建構的。此外，簡化大數據會消減這種情境感。她說道：「如果我們想創立強大的品牌，就必須從深度理解客戶開始，清楚知道自己的產品能在哪些方面滿足客戶的生活……我們必須把情境帶回到品牌工作中。」第三章會探討如何在行銷策略中表現情境，隨後在第五章和第六章則會探討深度理解品牌情境的方法和工具。

腦科學的展望

二〇一三年四月二日，在白宮東廳，當時的美國總統歐巴馬（Barack Obama）宣布展開「腦啟動計畫」（BRAIN Initiative）[4]，用以開發研究大腦的新技術。作為這個計畫的一部分，「人腦活動圖」（Brain Activity Map，簡稱ＢＡＭ）目標將大腦中九百億個神經元的活動繪製成圖。神經網絡是感知和實現這些複雜操作的源頭，這些神經元相互連接，構成巨大而高效的網絡體系。但這個龐大的體系具體是如何作用、產

4 腦啟動計畫（BRAIN Initiative）：Brain Research through Advancing Innovative Neurotechnologies Initiative，即「先進創新神經科學技術之腦部研究計畫」。該計畫為期十年，旨在探索人類大腦的工作機制，繪製腦活動全圖，最終開發出針對大腦疾病的療法。

生意識、控制行動，仍沒有準確的答案。

此外，科學家懷疑一系列的神經系統疾病，起因於神經細胞間的連接缺陷，但是目前沒有辦法追蹤神經細胞間的連接情況。透過動態圖，單個的神經元受到刺激時，做出什麼反應和其他神經元如何互動，最終是如何轉變成思維、想法乃至最後的行動，都可以觀察得一清二楚。繪製腦活動圖還有助於找到阿茲海默症、自閉症等疾病的新療法，並開發3D影像的新技術，以及使用腦造影方式呈現大腦如何運作大量數據的儲存和管理。

生物學家愛德華．威爾森（Edward Wilson）將「人腦活動圖」描述為：「……將所有的思維過程連接到一個物理庫中——理性和情緒，有意識、前意識和無意識，保持靜止和穿越時間。這實現起來並不容易……每個片段都包含大量的神經元活動，這些活動非常複雜，肉眼幾乎看不見，我甚至都感覺不到，也無法記錄下來作為細胞活躍的證據。」這個「人腦活動圖」為深度洞察研究和行銷應用創造了光明的前景和機會，但目前這條道路還非常漫長。

神經行銷學

神經行銷學又稱消費者腦神經科學，它是運用神經學方法來確認消費者購買決策背後的推動力。運用核磁共振造影，研究者畫出被測試者的腦部圖，來揭露他們是如何對特別的廣告或物品產生反應的。這為研究消費者打開一片新天地，為消費者的思維和行為方式提供了實驗證據。然而，一些技術（如眼動追蹤）已研究十幾年，尚未取得突破，其他技術（如核磁造影）價格昂貴，難以重複使用。而且還需要從諸多案例結果中歸納出結論，並進行精確的解釋。在第六章會看到目前正在使用的主要技術方法，然而這是一個快速發展的領域，新的技術層出不窮。

倫敦大學學院為行銷和傳播管理者開設了神經行銷學課程。課程的領導者、神經影像研究專家喬·德夫林博士（Dr. Joe Devlin）說過一段話：「對於神經行銷學的目標和檢測手段還存在許多混淆和誤導，還有很多圍繞這一學科、被吹噓得天花亂墜的『壞科學』……我們希望透過教育，最終可以減少『壞科學』的數量，它們只會浪費人們的時間和金錢，對神經行銷學的目的造成誤解。」

同理心研究

「同理心研究」是在研究他人的想法和感受如何影響我們自己的想法、感受和行為。現在這項研究已經成為一個跨學科的領域，並對行銷策略（尤其是行銷傳播，將在第八章討論）具有重要的指導意義。生物學家法蘭斯・德瓦爾（Frans de Waal）認為，同理心是我們可以進行有限控制的自發反應，在生物學上能夠確保社會合作和共存。義大利的神經科學家們發現，無論是一個人獨自承受社會性疼痛（由「被社會活動排斥、親人去世、失戀等事件」引起），還是目睹另一個人遭受這種痛苦（在研究中讓他觀看影片），社會性疼痛刺激的腦部區域是相同的。

從進化論的立場看，這種對痛苦的反應增進了社會黏著度，使人與人之間的關係更加親密。然而，德國研究者證實，人的自我感受能扭曲對他人的同理心。他們在一項研究中發現，腦部區域的緣上回（supramarginal gyrus）可以削弱他人情緒對我們情緒狀態的影響。但這種情況僅在我們與他人處於相同的情緒狀態下才會發生。研究人員發現，腦部這一區域的神經元被相互矛盾的刺激擾亂時，同理心作用就會失效。例如，我們自己感覺非常開心，就很難體會到別人的痛苦。「設計思考」（Design

Thinking）是一個以人為本的解決問題的方法論，從人的需求出發，為各種議題尋求創新解決方案，並創造更多的可能性。設計者要充分認識同理心的重要性，在「設計思考」的過程中，將「與消費者建立同理心」作為重要的一個步驟。

我們會在第五章詳細討論消費者研究。總而言之，一個令人興奮的跨學科研究領域已經開啟，未來將對消費者洞察和行銷策略產生深遠的影響。

章節核心要點

以下幾個框架構成了學習跨學科策略的基礎。

1. 框架一：情緒

「基本情緒」經過進化能夠對積極或消極的事件做出反應。「複合情緒」透過輸入記憶和理性，可以對事件做出有意識的評估。然而，許多無意識的評估也可以刺激觸發常規的反應。情緒可以進行引導，在社交活動中明確表現出來，並受到社交活動的影響。我們對情緒的記憶會很深刻，時間也很長。這些發現對品牌定位、行銷策略組合、以及洞察工具的使用，都具有重要的意義，可以觸發消費者的情緒記憶，掌控他們無意識的情緒。

2. 框架二：需求、目標和價值觀

「需求」和「價值觀」是動機的內在根源，會影響目標和興趣。消費者一般都具有功能性、情緒性、自我表達和自我實現的購買需求。

3. 框架三：文化

人類學家和社會學家從功能和結構角度對文化目的做出了多種定義。例如，滿足人的物質和社交需求；加強集體觀念，促進社會統一；基於人與人之間潛在的共同性思維方式和溝通模式，清楚表達個人的思想。文化研究包括民族誌研究和符號學研究。

4. 框架四：決策

傳統觀點認為，消費者的決策具有直線型和複合型的特點。然而，心理學和經濟學的研究指出，許多自發的、無意識的決定，是以**直覺判斷**（「捷徑」）為基礎。此外，**情境**也會對購物決定產生影響。

對於上述領域的研究一直在持續，這為進一步深入洞察和完善策略提供了廣闊的前景。

第3章

以同理心策略為基礎，重塑行銷策略模型

企業的目的只有一個，就是創造顧客。

——彼得・杜拉克

- 回顧行銷策略模型的要素。
- 說明在新的消費需求驅動下，為了獲取競爭優勢，重塑行銷策略模型的原因。
- 以同理心策略為基礎，探討定義品牌價值的新模型。

開篇案例：TOMS鞋的經營模式：商業與慈善相輔相成

TOMS公司創辦於二〇〇六年，創辦人布雷克·麥考斯基（Blake Mycoskie）在阿根廷旅遊時，看到許多小孩沒穿鞋子穿梭在大街小巷；時間一久便容易染上疾病。這讓他十分痛心，於是決定幫助他們。他借鏡阿根廷當地的傳統布鞋「Alpargata」的樣式，用柔軟的純棉布、帆布、燈芯絨、軟皮鞋墊以及防滑鞋底，製作出舒適輕便的鞋子。

創立之初，他提出一種名為「賣一捐一」（One Of One）的銷售模式，即每賣出一雙鞋，TOMS就會捐贈一雙鞋給貧困地區的孩子們。現在，TOMS鞋透過線上及實體數百個據點進行銷售，包括像尼曼馬庫斯百貨（Neiman Marcus）、全食等高端零售商。

TOMS的促銷策略非常複雜，包括大學校園播種計畫、重大活動行銷、社群媒體及臨時性的快閃店（Pop-Up Store）促銷。麥考斯基認為，若純粹的商業方式、架構與企業使命相違背的話，只有慈善手段才能讓企業更長久。

二〇一四年，貝恩資本（Bain Capital）以六點二五億美元收購TOMS鞋公司五〇%股權後，麥考斯基表示將捐贈此次交易中至少一半的收益，作為支持設立社會公益創業（Social Entrepreneurship）的基金，貝恩資本也承諾，將在這一新型的慈善事業中支持公益企業家，攜手麥考斯基共同投資和管理。

章引言

美國行銷管理之父菲利普・科特勒（Philip Kotler）提出，在過去的六十多年間，透過新的概念和理論，策略性行銷思想已經多次自我進化了。科技成為諸多核心理論變化的源頭，推動了線上零售、消費者關係管理和消費者分析領域的變革。然而，與之相對應的是，在關注消費者情感和精神需求的驅動下，人們對企業目的的認知發生了巨大的轉變。

彼得・杜拉克（Peter Drucker）被稱為「現代管理學之父」，他認為企業的唯一目的就是創造客戶。不過，在討論TOMS鞋的企業宗旨時，美國趨勢專家丹尼爾・品克（Daniel Pink）指出，那些希望透過購買鞋子把自己變成慈善人士的人，最後都成了客戶。

在行銷策略中，企業社會責任（Corporate Social Responsibility）是一個非常重要的因素。美國市場行銷協會（American Marketing Association）把市場行銷定義為：「在創造、溝通、傳播和交換產品中，為顧客、客戶、合作夥伴以及整個社會帶來有價值的一系列活動、過程和體系。」

然而，需要注意的是，企業社會責任並不是像一些憤世嫉俗的人所想的那樣——是為了讓企業自我感覺良好或是規避政府監管。相反的，「企業社會責任」做為行銷策略的一個要素，如同在TOMS鞋案例中看到的，企業社會責任已經發展成為具競爭性的價值創造策略，呼應消費者（尤其是三十五歲以下族群）正在變化的情感、道德，甚至是精神需求。透過購買TOMS鞋，消費者感覺到他們的購買行為是負責任和真誠的表現，他們正在將自己的價值傳遞給他人。換句話說，這種情感和自我表達上的好處可以促使人們購買產品，進而創造品牌價值。在行銷策略的核心意義上，這是一種表達品牌價值的結構體系，是將品牌價值最大化的策略戰術。因此，制訂行銷策略必須根植於「深刻理解品牌價值對消費者在社會、文化以及心理上的驅動力」，我們稱之為「同理心策略」。

第三章的目標是回顧行銷策略的要素，同時根據消費者的新需求以及第二章探討的理論結構，將這些要素情境化。因此，本章主要講如何以同理心策略為基礎，重塑品牌價值的新模型以獲取競爭優勢，還會提出界定品牌價值的新模型。

在新環境下重塑行銷策略的時候到了嗎？

「變革的步伐正在加速。」Google前CEO艾立克・史密特（Eric Schmidt）這麼說。

奇異公司（General Electric Company）前副董事長約翰・賴斯（John Rice）曾說：「人們一向看重速度的重要性，但是我認為由於商業本能的競爭性，以及技術和社群媒體的出現，速度的重要性已經被提高到另一個新高度。」

《經濟學人》（*The Economist*）雜誌指出，手機的採納滯後（在技術的使用上，發展較慢的國家追上領先國家所需的平均時間）已經縮短為十三年。技術、社群媒體和電商的「當日送達」服務，大大提高了消費者對即時滿足感的期待。**以前品牌要做的事情，現在消費者自己就會投入大量精力去做**。例如，消費者會在社群媒體上分享品牌體驗，透過多種通路管道購買商品，線上比價選擇價格最低的產品。現在，企業在市場行銷領域需要投入大量精力，透過社群媒體對消費者的即時回饋進行分析，進而做出策略和應對戰術。

在第一章，我們提出傳統的年度策略規劃已無法及時應對快速變化的市場環境、以及應變型策略的本質。此時此刻，我們是否應當注意到：應變型策略的培訓比常規策略規劃的制訂更加重要？如果這是真的，那麼由此可以得出結論，當執行策略的前置時間被壓縮，留給常規策略規劃和分層行銷管理的時間所剩無幾時，應該從更寬的視野、更深的層面上去理解消費者的想法、感受和行為，創造更高的品牌價值，這一點非常重要。

面對這些新情況，同理心策略可以扮演「肌肉記憶」的角色，讓來自不同部門的員工以更快速度向消費者和客戶傳遞品牌價值。例如，作為快時尚的先鋒，ZARA一週有兩次產品上架。與這個產業的其他企業相比，ZARA非同尋常之處在於，所有的設計都由自己內部完成，依靠公司設計部門「行銷策略師」的策略知識和同理心能力，把握消費者的需求。義大利零售巨頭Percassi把ZARA帶到了義大利，成立一個快速消費美妝品牌Kiko，只在自營店舖進行銷售，盡責的品牌銷售員憑藉高超的同理心能力向客戶傳遞品牌價值。

顯然，對這些「快速消費品」企業而言，員工對消費者的同理心能力被視為是一項非常重要的競爭優勢。除此之外，如今透過社群媒體或是電商，消費者可以即時對產品做出回饋，這就要求企業也要能立即做出反應。實際上，企業內部不同層級的員工都要具備掌握和執行應變型行銷策略的能力，以期成為「行銷策略家」。

為了避免迷失方向和操作混亂，公司必須把「建立基礎且穩固的行銷策略」置於高度優先位置，它不能是一個面向未來的複合型規劃，應當是一個適應性策略的建構路線圖。這種重塑後的行銷策略意味著：策略和規劃並非一成不變，而是透過加入情感的方式將目標消費者和客戶帶回生活中，創造對未來的美好憧憬。企業可以將自身品牌的價值主張與其他品牌區隔開來，凸顯自己滿足消費者需求的獨一無二能力。企業必須向員工傳遞「可以激發消費者和客戶共鳴的行銷策略路線圖」，企業要把這一任務置於優先重要位置，因為這可以讓員工擁有知識和動力去執行企業的品牌價值主張。

重塑後的行銷策略核心要素是什麼呢？彼得．杜拉克認為企業的目的只有一個，就是創造顧客；而且只有兩個基本職能，即行銷和創新。由此可以得出結論，「行銷策略」居於企業整體策略的核心位置。因此，行銷策略的制訂必須與企業策略的制訂同步進行。在下一節，我們將會詳細介紹企業策略的構成要素。

企業策略的構成要素

企業策略的構成要素既包括長期要素（如使命、願景和價值觀），也包括定期更新的要素，即每年都要制訂的常規策略規劃，包括策略目標和經營策略。

1. 使命

使命是對企業目的和願望的一種重要且持久的表達，與消費者、客戶和其他利益相關者關係密切，呈現企業尋求和完成目標的路徑和方式。這是企業道德和價值觀的公開宣示，讓利益相關者清楚知道，為了讓他們的生活變得更好，企業是如何努力的。利益相關者是指與企業存在利益關係的人，例如員工、消費者、客戶、股東、供應商等。

使命也是企業獨特文化的一種表現。英國倫敦最大的百貨公司約翰路易斯（John Lewis & Partners）提出：「合夥公司的終極目標是，讓成員在一家成功企業中有價值地工作，並實現所有成員的幸福。因為合夥公司是透過信託方式為所有成員共有，他們分享所有權帶來的責任和回報：利潤、知識和力量。」

使命宣言有非常簡短的，例如臉書（Facebook）的「賦予人們分享的權力，讓世界更開放互聯」；也有一些較長的，例如莊臣公司（SC Johnson）的「我們相信」，莊臣公司在一八八六年首次提出長達四頁的使命陳述，把五家股東組織稱為「世界共同體」。社會是企業的利益相關者，這一觀點已經在「共享價值」的概念中具體表現，藉由闡述這一思想時所遇到的挑戰，企業可以從中產生自己的價值觀，並對社會創造價值。例如，雀巢重新設計了從小規模種植者手中採購咖啡豆的流程，為他們的種植提供建議和支持，然後以較高價格收購高品質的咖啡豆。高產量和高品質增加了種植者的收入，也減少了種植對環境的影響。透過創造「共同價值」，雀巢的優質咖啡供給得以大幅提升。

2. 願景

願景是朝向未來，代表企業未來五年甚至更長時間的發展設想，界定了企業追求的目標、以及能夠為利益相關者做出的努力。消費者和客戶是願景的中心。當與客戶談到願景的話題時，我會讓他們使用文字、圖片和故事，勾勒出一幅想像的畫面。願景不能是「白日夢」，應該是能夠真切地感受和實現，這一點非常重要。此外，策略必須在願景的思維框架內進行設計。

3. 價值觀

價值觀是企業持久的核心理念，是指導企業經營的獨特原則，具有持久的生命力。價值觀與企業員工密切相關，必須能夠激勵員工，正如我們將在第八章提到的：員工希望能夠帶著強烈的目標和價值意識為企業工作。表3-1為可口可樂公司的價值觀。

4. 策略目標

它是長期性的策略重點（經常橫跨三至五年），可以為年度策略規劃建構出策略框架。它會告訴我

表3-1　可口可樂公司的價值觀

可口可樂的價值觀提供了行動指南，同時也呈現出我們的行為方式。
領導力：敢於決策、塑造美好未來
同心協作：利用集體智慧
誠信：實事求是、身體力行
承擔責任：實現目標，從我做起
熱情：全心全意投入
多樣性：像我們品牌那樣多元化
品質：做好每件事

們，為了實現願景我們必須關注的重點有哪些。「目標」是基於企業選擇的廣泛策略而制訂，例如競爭的領域在哪裡，如何找到和利用能獲取競爭優勢的資源（企業最佳的經營方式），從而向消費者傳遞自身獨特的價值主張。美國哈佛商學院教授羅伯・柯普朗（Robert Kaplan）認為，企業目標應該設定在四大領域：

一、財務；

二、消費者／客戶價值主張；

三、內部程序（如製造、研發或銷售）；

四、學習和成長。其中學習與成長領域又包含以下三個方面：

- 人力資本。公司員工擁有的技術、天賦和知識。卡普朗和大衛・諾頓（David Norton）提出，企業應當認同員工的作用，他們專注於學習發展，能夠在最大程度上影響企業策略的執行。
- 訊息資本。企業的數據庫、資訊系統、網路和技術設施。
- 組織資本。企業文化、領導力、凝聚員工為企業策略目標共同努力的能力和員工分享知識的能力。

5.經營策略

它們是由企業內部各個部門制訂的中短期（通常是一至三年）策略，透過闡明企業目標和發展路徑，形成完整的企業策略。行銷策略就是一種經營性策略。從柯普朗的目標設定領域中可以清楚看到，在界定消費者和客戶價值主張方面，企業策略與行銷策略之間存在著廣泛的交集。然而，柯普朗還把人力和訊息資本作為企業策略的要素，這就意味著，消費者的知識和理解方式都被融入企業的資訊網路中，也是共同責任的一個重要領域。這和第一章敘述的策略學習過程是相同的。

6.預算和資源

財務目標與經營目標同時支配著企業內的預算、以及其他資源（如人力資源、投資資本等）的配置。

7.績效考核

在公司策略中，往往會為每個策略目標設定ＫＰＩ，以確保可以追蹤任務的完成情況。

重塑行銷策略

簡單地講，一個行銷策略必須回答三個關鍵問題。

- 我們現在在哪裡？
- 我們要往哪裡去？
- 我們要朝著哪個方向到達目的地？

現在來看一下行銷策略的構成要素，它們可以回答上述每個問題。為了簡化，可以假設我們是為了一個單獨的消費品牌，而不是為品牌組合或策略業務部門制訂行銷策略。然後，假設規劃的時間長度為一至三年。

我們現在在哪裡？

在行銷策略中，需要透過分析「現狀」來回答這個策略問題。「現狀」是品牌對當前市場狀況的總結，從財務評估、產品分析、消費者研究和未來趨勢等多個角度進行多視角分析。例如，一般的分析包括當前市占率、經濟實力、銷售管道、市場滲透、以及品牌在目標客戶（積極和消極的）認知中的定位和發展趨勢。然而，除了要關注品牌本身（微觀）的競爭趨勢外，更重要的是要分析宏觀的市場環境，從社會／文化、技術、經濟和政治趨勢等更寬闊的視野進行研究（見圖3-2）。

宏觀趨勢對品牌處境有很大的影響。過去幾年，在宏觀市場環境中，英國的大型連鎖超市歷經了幾次衝擊，包括科技變化衝擊（尤其是非食品類商品的購買轉往電商平台。二〇一四年，二十五至四十四歲年齡區間的消費者當中，接近九〇%選擇透過網路購物）、經濟變化衝擊（隨著經濟衰退、收入降低，用於食品的支出呈現下滑趨勢），以及社會／文化變化衝擊（購物頻率下滑，美國快速慢食餐廳逐步興起）。在這些宏觀市場變化的作用下，連鎖超市一直處於苦苦掙扎中。

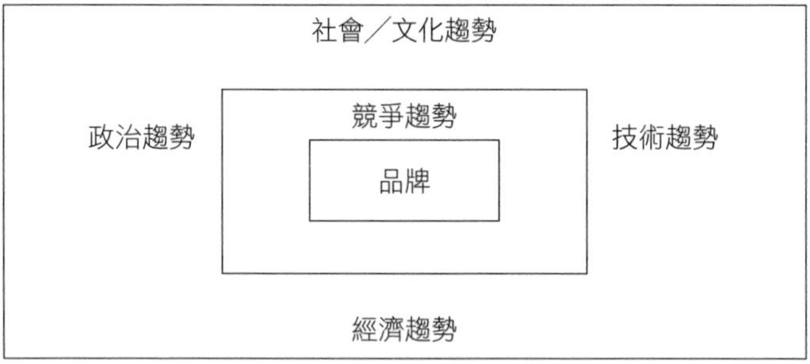

圖3-2　宏觀的市場行銷環境

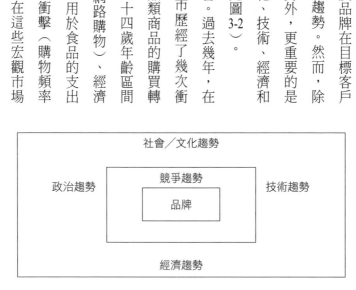

我們可以運用SWOT[1]方法分析總結的現狀，找到未來的市場機會和挑戰，更進一步製作出未來的宏觀趨勢模型，這對品牌發展也會產生重要影響。例如，研究顯示當前影響英國連鎖超市的一些宏觀趨勢，尤其是購物習慣的變化，在多年前就已經預測到了。

我們要往哪裡去

要回答這個策略問題，應當在一個具說服力的願景中去勾勒品牌的未來，並描繪品牌的目標。我們可以透過以下幾個要素來分析。

- 目標客戶或市場區隔。
- 獨特的品牌定位。

1　SWOT：Strengths、Weaknesses、Opportunities、Threats，為優劣分析法，是策略分析最常用的方法之一，是將與研究對象密切相關的各種主要內部優勢、劣勢和外部的機會與威脅等，透過調查列舉出來，並依照方陣形式排列，然後用系統分析的思考把各種因素互相融合加以分析，從中得出一系列相對應的結論，而結論通常帶有一定的決策性。

- 具有吸引力的品牌感受和用戶體驗。
- 品牌目標。
- 財務分析。

下面會依次對這幾個要素進行探討，找到表達關鍵訊息的模型。

1. 目標客戶或市場區隔

前面已經講過，將目標客戶帶入生活場景中，引發他們的共鳴，這是新行銷策略的首要問題。這個過程必須開始於對客戶或消費族群的描述，因為他們代表著產品的目標市場。市場區隔是選擇目標市場的基礎。企業按照許多不同的變數，將市場上的顧客劃分成若干個顧客族群，每個顧客族群構成一個子市場，不同子市場之間，購買需求存在著明顯的差別。其中一些變數是普遍的，例如區域市場、人口特徵、思維觀念、行為方式（產品用途、購物通路管道）以及需求狀態（功能性需求、情感性需求以及自我表達需求）。

選擇關鍵的變數，界定市場區隔，最終才能做出決策。例如，在確定時尚奢侈品牌的市場區隔時，應將思維觀念、情緒和自我表達需求作為標準，而非依據區域市場（儘管本地文化和社會因素會決定市場行銷組合的變化，但時尚奢侈品仍然是全球性的市場）。因此，必須建立「確定市場區隔的變數和規模」的模型，透過量化市場區隔的研究和迴歸分析，來確定變數的群集特性，預估其在消費族群的發生率。

其他方法還包括透過消費習慣研究，從市調公司尼爾森（Nielsen）或是美國資訊資源公司（Information Resources Inc, IRI）購買相關數據，對產品市場區隔（需求空間）建立模型。越來越多公司使用「預測分析」來建構最有價值的消費者劃分模型，從而確定和找到有價值的市場區隔。其中，消費者劃分以消費行為數據為基礎，數據可以來自會員卡（像是英國連鎖超市特易購的會員集點卡Tesco Clubcard）或是公司持有的消費記錄。

然而，確定市場區隔並不是一個純粹的量化操作，就像在第一章講的那樣，量化數據無法幫助我們想像誰會成為消費者和客戶，也無法讓我們與客戶建立同理心，去感受他們的想法和感受。因此，一旦在行銷策略中確定了市場區隔的範圍，就需要與客戶的生活建立同理心，畢竟數據背後都是實實在在的人和生活。在第四章至第八章，我們會解釋策略團隊如何與客戶建立同理心，以及如何運用媒介激勵組織中的

「行銷策略家」與目標客戶建立同理心。

事實上，我們可以設想，企業的行銷策略會透過像影片這樣有趣、有深度的媒介傳播給消費者，但一個常規的行銷策略要包含媒體同理心（例如消費者的購物影片），卻存在著諸多限制。至少，在每個市場區隔目標中，都應當透過「角色」或是有代表性的消費者形象，將同理心帶入消費者生活中。也就是說，在消費者平常生活的場景下，找到誰是客戶以及他們與品牌間的聯繫。

2. 獨特的品牌定位

品牌定位是指一個品牌在消費者心目中占據的位置。因此，一個品牌向客戶傳遞的價值應當有別於其他競爭對手，向客戶傳遞獨一無二的品牌屬性，這樣就可以清楚地表達品牌將會為消費者帶來好處。如同在第二章介紹的，一般透過分層來表達客戶需求（期望品牌帶來的好處）：功能需求（品牌實際上能為我做什麼）、情感需求（品牌給我的感受是什麼）、自我表達需求（品牌能否讓我變得光彩奪目）、自我實現需求（品牌能否幫助我實現個人目標或價值）。

然而，消費者總是透過個人的親身體驗或是社群間的交流，反覆多次後才形成對一個品牌的認知。一個品牌與消費者有很多不同的聯繫，而且有時具有很大的偶然性。這些聯繫包括（功能和情感上的）價值、文字、圖片、理念、特徵、顏色、標誌，以及使用產品的族群是誰和他們的使用方式等。因此，品牌定位必須明確表達出這些根植於消費者思維中的關鍵聯繫，即哪些事實、特徵和理念能夠準確表現出品牌的特性。還必須確定如何展現品牌的「個性」，這也正是我們希望消費者能夠與品牌建立聯繫、認可品牌的關鍵所在。

確定品牌定位並確保市場行銷組合中的全部要素（例如產品品質、設計、價格、服務等），能與這一定位保持一致，是制訂行銷策略首先要考慮的問題。「行銷的目的就是要使推銷成為多餘，並深刻地認識和瞭解顧客，從而使產品或服務完全適合他們的需要，形成產品的自我銷售。」根據彼得．杜拉克這一經典描述，如果我們想與目標客戶建立同理心，品牌定位就必須簡單明瞭。從長期來看，品牌借助於市場行銷組合，希望如何向消費者傳遞價值以及培育哪些關鍵的品牌關係，這是行銷策略必須解決的問題。企業需要清晰表現品牌定位的架構來確認這些問題，因此，品牌定位也是行銷策略的關鍵要素。

品牌定位的架構體系可以透過下頁「品牌定位輪狀圖」（圖3-3）或「品牌定位金

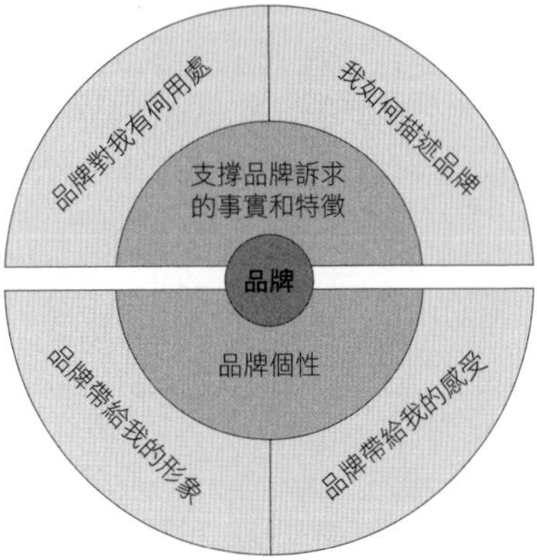

圖3-3　品牌定位輪狀圖

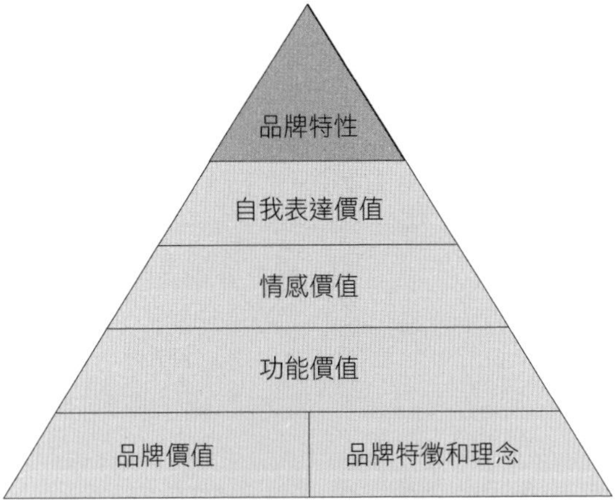

圖3-4　品牌定位金字塔

字塔」（圖3-4）兩種略有不同的方式來表現，以此顯示品牌的核心優勢和連結。

「品牌定位金字塔」的好處是：可以鼓勵行銷策略團隊將產品特性、以及給消費者帶來的功能性好處，逐步提升到為情緒和自我表達帶來「高階」的利益。這種方式的理論基礎是「手段—目的」理論，即可以透過分層（從低到高的「階梯」）將產品屬性、產品意義（給消費者帶來的好處）與消費者的個人價值連接在一起。但是，若透過「品牌定位金字塔」的方式表現品牌要素，就不容易讓消費者清楚記住，而「品牌定位輪狀圖」恰好可以規避這個缺點。許多公司都會從中選擇一個模型使用，而我會將兩種模型結合運用。在本章的最後，我會介紹我的公司ModelPeople總結提煉的模型，它可以更好地表現出社會和文化因素對建立消費者同理心的重要性。

為了便於交流，也可以採用書面敘述方式來表現品牌定位，其中包含目標客戶的需求、產品或類型描述、獨特重要的優勢（有時稱之為「鑑別器」）、支持產品能為消費者帶來好處的事實——稱之為「支持點」或「信任的理由」（Reasons to believe, RTB）。具體可參考表3-5。

建立品牌定位架構體系的基礎：

表3-5　品牌定位敘述模型和舉例

模型：

對〔目標客戶〕而言，他們〔需要／希望……〕，某品牌是〔產品或類型描述〕，可以提供〔獨特的好處／鑑別器〕，因為〔信任的理由〕。

舉例：

對於城市裡重視健康的男士和女士而言，他們注重的是產品品質和效果的持久性。誠信茶飲是一款茶類即飲品，具有提神、放鬆的功效，因為它是由有機茶葉泡煮而成，與其他即飲類的茶飲相比，天然糖含量較低（不含任何人工添加物）。

(1)透過以下方式，瞭解品牌當前在消費者心中的形象：

——量化的產品特性數據。

——對不自覺（即無意識）的品牌關係做定性的深入洞察。

(2)對品牌價值主張的未來發展方向做策略選擇。

從第五章到第七章，將會探討如何在情感和文化上對無意識的品牌關係進行定性的深入洞察，對品牌價值主張做出策略選擇的過程做說明。

3. 具吸引力的品牌感受和用戶體驗

品牌定位不僅受到有形的市場行銷組合要素影響，例如產品、價格、傳播等，還受到消費者對品牌完整體驗的影響，這其中包含許多無形的要素。用戶體驗之旅包括購物時、購物後的體驗，以及服務和產品的使用體驗。因此，對消費者有吸引力的購物體驗之旅必須在行銷策略中呈現出來，進而找到市場行銷組合的關鍵痛點和機會。具體可參考下頁表3-6。

總之，品牌目標和財務規劃都必須能夠回答「我們要往哪去」的這個問題。

4. 品牌目標

品牌目標，是指一個品牌在一定期間內要實現的目標，以及衡量目標實現與否的方式。品牌目標與品牌的財務狀況、消費者轉換（例如，試用、購買頻率、基於企業數據對用戶購買意識和習慣的研究），以及關鍵市場的行銷組合（如推出新產品或增加媒體宣傳預算）有關。

表3-6　用戶體驗之旅的基本要素

用戶體驗地圖描述了消費者與公司產品和服務之間相互作用的路徑。它包括量化研究，以及基於公司數據（如銷售或服務記錄），對消費者體驗和情感展開定性研究。一般的用戶體驗地圖包括： (1) 用戶行為／購物程序。可以分解為幾個連續的階段（例如，提前在網路上研究、線上購物、商場購物、開箱即用的產品體驗、服務呼叫、投訴等）。一次愉悅的體驗之旅，像是在迪士尼樂園遊玩，包括整個觀光過程中在不同時間、不同園區內的不同地點，與園區員工、制度和品牌產生的互動，甚至可以追溯到觀光前（訂票）。如果是酒店住宿，用戶體驗包括從預訂房間、櫃檯辦理入住、晚上良好的睡眠，一直到開始第二天的行程。 (2) 在這個過程中，包含用戶每一步驟的動機、需求和行為。例如，拉昆塔酒店（La Quinta Inn）可以準確判斷客戶到達時、在房間或公共區域、以及離開時的感受。 (3) 在整個用戶體驗中居於重要位置的區域。 (4) 品牌滿意度或整個用戶體驗中的不滿之處。 (5) 情感投入的機會。例如，連鎖酒店可以透過特殊方式訓練員工如何接待客戶。 (6) 商業的接觸點和流程。包括供應商的角色、制度以及內部機構等。 (7) KPI。包括銷售額、放棄購買的商品、投訴舉報、社會輿情等。

5. 財務分析

透過財務分析，可以根據市場行銷的假設條件對銷售、市占率和盈利狀況進行模擬。預測性的模擬可以用來決定：在實現財務目標所需的產品、價格和促銷上能投入多少。

我們要往哪個方向到達目的地

一旦品牌未來的目標確定下來，策略團隊就必須制訂詳細的策略，按照品牌目標的方向逐步前進。我們將功能性策略的結合稱為「市場行銷組合」，是一套能用來影響用戶反應的變項——可以向消費者傳遞既定的品牌定位，實現行銷目標。

二十世紀六〇年代，現代行銷學之父菲利普．科特勒提出「4Ps行銷理論」：產品（Product）、價格（Price）、通路管道（Place）、促銷（Promotion）和策略（Strategy），引起廣泛注意。隨後，他提出第五個「P」，即Purpose（目的），他稱為「社會責任行銷」。按照定義，雖然大多數企業的目標是滿足客戶需求和股東分紅，但依然有不少企業的最高宗旨是為員工、社會及整個人類創造價值，做出更積極的貢獻。這些責任與企業追逐利益的目標並不矛盾，「Purpose（目的）」是品牌定位中，企業對消費者、客戶和員工必須承擔的責任。

英國品牌美體小鋪（The Body Shop）是「社會責任行銷」早期的先鋒。美體小鋪創辦人安妮塔．羅迪克（Anita Roddick）最著名的宣言是：「我希望在一家對社會有貢獻的公司工作，並且公司可以成為社會的一分子。我需要的不僅是投資賺錢，更是那些值得信賴的事物。」在她的帶領下，美體小鋪從英國布萊頓的一家街頭小店發展為全球企業，最後被萊雅（L'Oréal）公司收購。

在一九八二年到二〇〇〇年之間出生的千禧世代，現在已經成為最大的消費族群，僅在美國就有超過九千多萬人，在英國也接近一千五百萬人。對千禧世代消費者而言，「Purpose（目的）」不僅僅是能影響他們購物行為的手段，更是品牌和企業DNA中不可或缺的組成因子。我們將在第八章中討論，千禧世代希望能夠在一家可以激勵他們的公司工作。對於無法表達和傳遞更寬廣的社會責任感的品牌，消費者會隨時懲罰他們；而對於能夠做到這一點的品牌，消費者會給予豐厚的獎賞。

案例 **消費者對品牌的裁決**

奇波雷墨西哥捲餅連鎖餐廳（Chipotle）承諾自己選擇的食材都是有機食品，蔬菜由本地種植，肉類是牧場放養，整個生產過程可推動環保永續，但是這個連鎖品牌最後違背了自己的宗旨。二〇一五年，這個品牌遇到前所未有的大型危機，食物中毒引發一連串事件，讓這個以新鮮、健康為招牌的連鎖品牌手足無措，公司的長期盈利甚至無法彌補短期虧損。

二〇一三年，在孟加拉的拉納廣場大廈（Rana Plaza）坍塌後，抗議者讓服飾品牌普利馬克（Primark）和班尼頓（Benetton）在英國的門市陷入混亂。英國反貧窮、反剝削的行動組織「War on Want」指出：「如果普利馬克能夠確實承擔起照顧那些工人的責任，這星期就不會有人送命了。」最終，普利馬克向死去的工人家屬支付賠償金。

在我看來，「Purpose（目的）」既是企業使命的構成要素之一，也是本章最後介紹的品牌定位模型中最重要的元素。現在回顧一下科特勒的「4Ps行銷理論」：產品（Product）、通路管道（Place）、價格（Price）、促銷（Promotion）。

1.產品／創新

在向消費者傳遞品牌價值主張時，以品牌名稱命名的產品或服務往往居於優先位置。產品或服務既包含容易識別和評價的有形（物質）要素，也包括不容易識別的無形（非物質）要素。偉大的品牌必然同時包含有形和無形兩種要素，致力於為消費者創造多元價值取向。例如，韓國現代汽車（Hyundai）在與其他汽車品牌比較時，總是很容易透過外型風格辨識出來。在經濟蕭條時期，他們推出汽車擔保計畫，購買現代汽車的車主如果一年內失業，他們會購回這些汽車。這一策略非常有效，以至於美國通用汽車（General Motors Corporation, GM）後來也開始效仿。但現代集團隨即又實施了更具攻擊性的市場行銷方案：如果車主失業，現代集團會在車主三個月求職期間代替車主償還貸款。這些策略將經濟危機中的美國消費者的潛在需求大大釋放出來，建立了極具價值的無形要素，大幅提升公司的關注度和銷售業績，也提升公司品牌在消費者中的知名度。

為了滿足不斷變化的市場環境和不斷增長的用戶需求，產品形式總是千變萬化。在現代行銷學奠基人之一的希奧多・李維特（Theodore Levitt）看來，也必須是如此。例如，黃頁（Yellow Pages）最早出現於一八八六年，至今仍在發行出版。不過，線上版黃頁已經改變了這品牌對提供企業訊息和搜尋服務的主導地位，透過新的形式將它轉變成為網路上使用效率最高的產品。另外，品牌還可以作為平台將自身品牌向外延伸擴張，展現更多的產品形式，像是KitKat品牌的牛奶巧克力和黑巧克力；或是在母品牌下，各子品牌擁有不同的產品形式和價值主張。

案例 產品多樣化的危險

在二十世紀九〇年代，寶僑公司（Procter & Gamble，P&G）把一個過時的護膚品牌歐蕾（OLAY）打造成著名商品「歐蕾多元修護系列」（Olay Total Effects）。在不到十年的時間，歐蕾品牌每年銷售額超過二十五億美元，而達到這一成績的方式就是子品牌策略，歐蕾包括多元修護系列、新生高效系列、焦點亮白系列及科研級系列等，這為品牌吸引了很多客戶。

然而，在過去五年中，歐蕾的銷售額開始下滑，現在已經砍掉六分之一的子品牌，將品牌價值主張聚焦在抗衰老產品上。寶僑公司前總裁艾倫・喬治・雷富禮（A.G. Lafley）因主導產品多樣化策略而聞名，他說：「消費者在商品架前只想花幾秒鐘時間，他們希望儘快做出選擇，卻總是做不到。」

就像在第二章提到的，行為科學家已經證實，太多的選擇反而會讓消費者陷入混亂和停滯。加州一家超市進行了一項實驗，研究人員在樣品桌陳列二十四種果醬供顧客試品嚐，在另一天，他們只提供六種果醬。參與試吃的顧客可以獲得折價券，可使用在購買超市中某一品牌的果醬。結果顯示當有二十四種果醬時，停下腳步參與的顧客數量更多。但隨後購買時，在擺放六種果醬桌子前停留的顧客中，有三〇％購買果醬；面對二十四種選擇的顧客，僅有三％購買果醬。

彼得．杜拉克在幾十年前就告訴我們，創新已經成為公司行銷策略和投資的關鍵，這對於「同理心策略過程」也意義重大。在第二章，我們討論了將「設計同理心」作為建構產品策略和創新的框架，在第五章和第六章，將會說明建立這一框架的方法。

2. 管道

這裡主要指銷售通路管道，即消費者在哪裡能買到產品，是雜貨店、藥局，還是大型連鎖商店，是像好市多這樣的會員倉儲超市，還是像亞馬遜（Amazon）這樣的電商平台。第二章中有提到，經過多年探索，行銷策略家已經意識到通路管道場景的作用，以及銷售現場對購物行為的影響，這對產品的銷售成長非常重要，所以他們已經在消費者洞察、購物行銷和重點客戶資源方面投入許多。藉由分析複雜的數據，廠商也能找到刺激消費者購物行為的品牌互動方式。例如，一家保健公司發現，在藥局開處方的客戶也可能會購買相關的非處方藥物，像是止痛藥或維他命等，因此在銷售方式上就會據此進行相對的調整。

3. 價格

價格是市場行銷組合中的一個複雜要素。定價策略通常是根據行銷和企業策略的其他部分所做出的相對應策略選擇。例如：

- 消費者價值主張（像是優質產品的高價競爭）。
- 市占率策略（像是為了提高市占率，滲透定價的價格一般都比較低，但可能會對市場競爭或在短期內彌補生產造成障礙）。
- 為品牌得到令人滿意的利潤。

為了做出策略決定，一般會運用多元化技術為「消費者在不同價格水準或產品價值區間的需求」建立模型。然而，如果沒有對關鍵變數進行恰當的預估，例如，重要的零售商沒有為產品提供預期的銷售安排或銷售位置，這些模式往往就會失準。此外，無法預測的宏觀環境趨勢也會影響消費者需求。在某些產品種類中，如航空或酒店，由於供給具侷限性，就允許廠商採用動態定價機制，在客戶需求高峰階段訂定較高的價格，實現利潤最大化。而且，消費者也會在不同的網站上瞭解價格變化。

4. 促銷（宣傳）

促銷宣傳包括廣告、公關行銷、社群媒體以及促銷活動（像是打折和買一送一等）。這些戰術性活動占據行銷資源很大比重，在產品的損益中列為支出，包括媒體和中介費用等直接的支出，還包括因為產品打折所喪失的盈利。促銷或宣傳策略必須清楚找到目標客群、訊息傳遞方法（如何表達和傳遞產品訊息）、使用的媒體以及預算。

過去幾十年，促銷重點已經發生顯著變化，從管理品牌的訊息和媒介（如購買電視廣告和目標媒體）轉變為引導消費者共同創造產品訊息、在相關媒體中發現品牌。

菲利普・科特勒曾指出三種新行銷類型：共同創造行銷、社群媒體行銷和部落化行銷（Tribalism）。

- 共同創造行銷。知名企業策略思想家普哈拉（C.K.Prahalad）和行銷學專家凡・雷馬斯瓦米（Venkat Ramaswamy）指出，創造價值經常被視為企業的核心，「宣傳」正是將企業創造的價值傳達給消費者。消費者之間的聯繫正在不斷強化，他們發現彼此間的交流是獲取品牌訊息的另一個來源，而且可信度高，這促使他們去共同創造品牌的聲譽和形象，並要求品牌做出回應。網際網路讓共同創造成為可能，在網路上，數量龐大的消費者建立起聯繫，透過社群媒體、網路購物平台（如亞馬遜）和論壇（如貓途鷹 TripAdvisor）分享觀點。
- 社群媒體行銷。社群媒體讓每個消費者都成為獨立的內容製造者和媒體傳播管道。部落格和 YouTube（世界最大影片分享網站）上的內容發布者可以影響成千上萬粉絲，普通消費者也會受到朋友圈中的某一則訊息所影響。此外，特別是千禧世代的消費者經常會聊起品牌社群媒體中的內容。一項研究顯示，十九到三十五歲間的消費者，當中會有三分之一的人說：「如果一個品牌使用社群媒體，我會更加喜歡這個品牌。」年齡在三十五歲以上的消費者，擁有此觀點的比例是一六%。其他消費者儘管不使用社群媒體，但仍然會觀察（我們斷定他們也會受到影響）。

此外，品牌社群媒體還可以產生購買產品的點擊率。例如：化妝品品牌Urban Decay將所有產品訊息和消費者原創內容都上傳到他們的網站「UD All Access」，消費者可以在上面瀏覽其他用戶上傳的產品使用照片，還可以直接在網站購買產品。因此，現在各品牌都需要建立社群媒體和其他線上內容，進而將自己的品牌形象傳播給更多消費者。

美國市場行銷學教授約拿·博格（Jonah Berger）認為，大多數人都喜歡分享富有情感內容的有用訊息或故事，因為他們都想在別人面前看起來更聰明。然而，他指出只有七%的「口耳相傳」發生在網路上，因此店家仍然需要重視舊有的（線下）用戶交流。例如，每年有超過一千萬美國人觀看世界盃中播放的廣告，人們會透過線上和線下的方式分享意見。大眾傳媒一直保持著這種並行的宣傳方式。

● 部落化行銷。「部落指的是任何一群人，規模可大可小，他們因一個人或相同的思想相互聯繫在一起。」透過與部落建立聯繫，認同部落「思想」，品牌可以透過這種目標高度明確的方式與客戶進行溝通。運動鞋品牌亞瑟士（ASICS）贊助馬拉松賽事，他們以此建立品牌在跑步領域的主導地位，那些「部落」裡的跑者把跑步（以及他們選擇的衣服）視為自身的一部分，最終成為其核心客戶。此外，部落也是消費者洞察和同理心研究的重要資源，我會在第五章討論這一點。

新的品牌定位架構

在第二章中提到，與消費者建立同理心需要有文化共鳴，深入理解他們的想法、感受和行為。最強大的品牌不僅能和消費者建立情感共鳴，還能建立文化共鳴，這是他們對相關社會群體中的行為方式的回饋。所以，品牌定位必須反應目標客戶的情感和文化內涵，而這種情感和文化內涵的交流並不是以理性的方式進行，是透過編排真實故事的方式來實現。牛津大學行銷學教授道格拉斯．霍特（Douglas Holt）稱之為「意識形態」。

品牌的意識形態具有啟發性，能幫助消費者不用進行「系統二」的理性思考，就可以在不同品牌之間進行選擇。一個意識形態顯示了一個品牌的真實情況，例如根據道格拉斯．霍特的理論，美國威士忌品牌傑克丹尼爾（Jack Daniels）正是由於釀酒廠位於偏遠農村地區，才支撐了這一品牌純正威士忌的意識形態。此外，也可以開發出一種亞文化或社會運動，像是墨西哥捲餅連鎖店奇波雷承諾只使用人工飼養的豬肉。一個意識形態還可以傳遞情感和文化內涵，例如，可口可樂在廣告中使用「歡樂」一詞時，既表達出一種情感，又宣揚「新世界」的樂觀主義，這正是美國DNA中的一個重要組成成分。

一個品牌的意識形態可以擺脫「正統文化」，即競爭對手闡述文化內涵的方式。傑克丹尼爾打破二十世紀六〇年代威士忌表達男性氣概的正統文化，採用純正威士忌來借指優越的現代生活方式。另一個例子是BMW集團旗下的全球知名豪華小型汽車品牌Mini，將「小」打造成一種文化思想，而當時在美國銷量最高的是八座五升引擎的SUV。

重塑品牌定位模型（下頁圖3-7）的核心是品牌內涵，即品牌對目標客戶的情感和文化內涵。這要求策略團隊必須認真思考文化的非正統性：如何能夠創造一個有別於競爭者的情感或文化內涵。除此之外，新模型提出的另一個問題是：「品牌如何才能刺激消費者？」

我們早就注意到，消費者願意去購買那些能夠刺激他們的品牌。當消費者的所有基本需求得到滿足後，他們希望自己購買的品牌能代表一種更寬廣的社會或文化思想，可以幫助他們實現自我。

真正強而有力的市場定位可以提升品牌的價值主張，透過敘事方式與消費者建立連結，反應他們的需求、情感、文化和思想，以及他們對周圍世界的觀點，也就是他們的想法、感受和行為，以此來強化

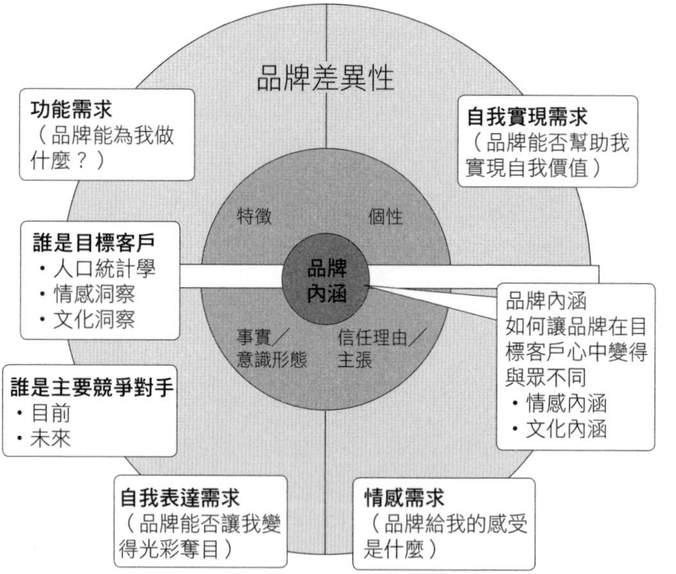

圖3-7　重塑品牌定位模型

對品牌的忠誠度。

章節核心要點

1.市場行銷的要點

市場行銷是一種居於核心地位的企業職能，可以將其定義為一個「與消費者或客戶一起創造共同價值」的過程。如今，市場行銷反應的前置時間不斷地加速，行銷策略也越來越趨向應變性（非事先規劃）。然而，為了避免迷失方向和操作混亂，企業必須把「制訂一個基礎堅固的行銷策略」視為優先重要的。這不能是一個針對未來的固定計畫，它應當是一個兼具應變性和適應性的策略路線圖。

2.行銷策略的重要性

行銷策略在企業整體策略中必須是處於核心位置。因此，行銷策略必須與企業策略同步制訂。簡單說，一個行銷策略必須回答三個關鍵問題：我們現在在哪裡？我們要往哪裡去？我們要朝哪個方向到達目的地？

3. 投入「同理心策略」的新型行銷策略

新型行銷策略透過同理心的方式，將品牌主張注入目標消費群、客戶或購物者的生活中，為他們的未來創造新視野。在執行新型行銷策略時，企業必須高度重視這一點：向員工傳達行銷策略路線圖，讓員工能執行明確的品牌價值主張。

4. 品牌定位

品牌定位是指一個品牌在消費者心中占據的位置。因此，樹立差異化的品牌定位（即品牌向客戶傳遞的價值應當有別於競爭對手）是制訂行銷策略的關鍵。

在架構品牌定位時，可以表達消費者價值主張。我們介紹了兩種模型：品牌定位輪狀圖和品牌定位金字塔。透過重塑的模型能發現，應當將品牌的情感和文化內涵置於核心地位，並且要從更寬廣的社會角度出發，回答這個問題：「品牌如何激發消費者？」

第4章

制訂同理心行銷策略的過程

- 介紹制訂同理心策略的三個階段：沉浸（Immerse）、活化（Activate）、啟發（Inspire）。
- 探討前期規劃（Pre-Planning）的重要性，包括設計行銷策略主題和決定策略團隊成員。
- 解釋如何設計和執行一個「策略學習之旅」，包括三方面：(1)研究策略的目標和範圍；(2)設計沉浸式研究方法；(3)激發策略洞察力。
- 與更多的利益相關群體進行交流的必要性。

開篇案例：美國的家庭廚房文化和心理學

「我害怕做飯！」這樣說的珍妮是住在田納西州的兩個孩子的媽。我們回顧了一段與百貨公司消費者的對話影片，是在一個為期兩天的研討會中所拍攝的。

兩週前，我們進行了一次沉浸式的民族誌實地研究，其中包含對家庭廚房的「深度視覺化」情緒記憶。珍妮坦白道：「我很擔心自己會讓丈夫失望，因為他母親能做一手好菜，所以我不想弄得一團糟。」這讓我們深入洞察到消費者面臨的情緒壓力。「但是當我們圍坐在一起享用烹飪的料理時，那種感覺真是太棒了！許多家庭沒有做到這一點，但我們做到了，而且每個晚上都如此。」

在調查中發現，家人圍坐在餐桌吃晚餐，這從情感上來說對消費者非常重要，尤其是對女性消費者而言，做到這一點具有特殊的文化涵義。從她們母親或其他親人手中接過皺巴巴的食譜，家人聚在一起吃一頓自己親手做的飯，這是讓她們從一個女兒、一個妻子走向一位母親轉變的重要歷程：成為家中新的「女掌櫃」。「我剛結婚不久，母親就去世了。」貝琪邊說邊把她母親裝訂好的手寫食譜拿給我們看，「當我像她那樣做飯時，我覺得她就在我身邊。」

根據馬斯洛的需求層次理論，家庭聚餐表現了金字塔的下半部：物質營養，在家族中感受到的愛、安全感與歸屬感。對許多女性來說，做一次成功的家庭菜餚還可以實現金字塔的上半部：她作為母親、妻子，甚至是女兒的自我價值實現，這強化了她與自己母親之間的聯繫，表示母親成功將文化接力棒傳遞給她了。

我們的民族誌調查還探討「家庭聚餐」的符號學意義。在美國家庭中，最重要的空間是與客廳相連的開放式廚房。看看HGTV（美國居家樂活頻道）播出的內容，就可以理解這個「開放概念」的家居空間是多麼重要，在那裡父母可以做飯，還可以清楚地看到孩子；在那裡夫妻可以享受快樂的烹飪時光，不必與客人隔開來。

美國家庭會在這個空間花費他們人生中的大部分時間。巨大的冰箱儲存著包裝好的零食以及準備好的新鮮食物。像是事先切好的胡蘿蔔和切碎的起司，這樣就可以很快地做好一頓飯，滿足每位家庭成員的不同需求。數據顯示，一週七天中有六天時間，僅僅三分之一的兒童能和家人一起吃飯；超過四分之一的孩子一週和家人聚餐的次數少於三次。同時，有數據顯示，如果孩子獨自一人用餐，潛在的負面影響包括肥胖和抑鬱，甚至是藥物和酒精濫用。

觀看HGTV還有另一個有趣的發現：許多美國人期望擁有「一間獨立的正式

飯廳」。這樣的房間一年的使用次數不用太多，主要是用來與家人、朋友聚餐。典型的家庭聚餐是在感恩節，家常菜往往都是由「母親」（大家庭中的女掌櫃）親自掌廚。對一個新婚或單身的女性而言，感恩節在自己的房子裡招待家人，是人生走向新階段的重要儀式。感恩節的菜餚深深烙印在美國文化中，甚至藝術家諾曼．洛克威爾（Norman Rockwell）還把感恩節聚餐作為他的名作《四大自由》（Four Freedoms）中的一幅畫。這個系列作品是要表現一九四一年美國前總統羅斯福（Franklin Delano Roosevelt）在聯合國演講中提到的人類社會四種最基本的生存要素：言論自由、宗教自由、免於匱乏的自由和免於恐懼的自由。

當我兒子在加州上學時，每年的感恩節他都會重演朝聖者和印第安人，在沙漠吹來的聖塔安娜風（Santa Ana Wind）所帶來的熱浪中，我們把烹飪好的火雞當作第一道菜餚。在所有家庭的心目中，感恩節是萬家團圓的日子。機場裡擠滿趕著回家吃飯的人們，喜劇也成為那時電影的基調。許多餐廳會在感恩節當天休息，因為每個家庭都會自己動手做飯。居家用品店賣最好的，是用來盛放火雞的巨大盤子和所有的傳統裝飾品，以及一代代傳下來的各種家庭菜譜。顯然，從文化角度講，在美國，感恩節家庭聚餐成為當時一週中最忙碌的事，核心就是美國人都能體會到家庭凝聚力與團結。

毫無疑問，我們訪談的女性們都感受到這種情緒壓力——為家人準備一桌可口豐盛的菜餚。另外，研究還發現，自己的烹飪要在每個時刻都能滿足家人的需求，讓家人總是能感覺到「有一點不同」（尤其是在下班之後），要實際做到這一點是非常困難的事。帕蒂說：「我的母親有一份全職工作，所以每天早上六點就要起床為我們準備早餐。」她住在納許維爾，要全天照看九個月大的孩子，利用空餘時間兼職做會計。她說：「我正在學習像我媽媽那樣照顧家人，我會在網路上找食譜，買一些事先切好的蔬菜備用。」

一家全球性食品公司的策略制訂團隊和消費者洞察經理指出，女性認為，她們的基本職責是要讓家人坐在一起熱鬧地吃飯，以此來培養家庭的和睦，因此她們希望能得到這方面的幫助。她們察覺到家庭烹飪並非想像中那麼美好。

對一些母親而言，只有把家人聚在一起，讓他們享受料理，引發大家的情感共鳴，才能讓她感覺到自己「下廚做飯」是值得的。利用事先切好的鮮肉，事先洗好的蔬菜和瓶裝沙拉，做出來的一盤盤食物都屬於「家庭烹飪」，因為這也是母親親手製作的，家人們都非常喜歡吃。甚至一大份義大利麵、從麵包店買來的新鮮烘焙麵包，或是用事先洗好的食材製作成沙拉，都可以放在餐桌上滿足家人的味蕾。

在研究中我們使用「深度視覺化」的方法（具體技巧見第六章）去激發行銷人員的洞察力，形成新的行銷思想。我們要求消費者去設想心目中理想的商店，也就是銷售者能提供哪些服務，幫助她們讓家人能聚在一起吃飯。珍妮說：「我們舉行了一個食譜和食材的展示活動。」珍妮允許我們在她的店鋪中拍攝，她說：「食材一定要新鮮，做一頓大餐，讓家人們坐在一起享用。我們的店總是把家庭的需求放在第一位。」客戶行銷經理對她大加讚賞：「這是一個非常好的主意，我們要把這個銷售方法儘快付諸行動，呈現給我們的重要客戶。」

就如同第一章所說，學習的結果必然落實在行動中，這就是策略學習。因此，作為「策略學習之旅」的一部分，我們和策略制訂團隊（包括洞察經理、品牌經理以及商場的大客戶經理）一起，舉辦一次全天的研討會。這個團隊的成員來源廣泛，其中最主要的是大型零售商，他們是家庭食物的供應商，允許我們在他們的商場進行調查。

在研討會中，我們提出幾個改進食品銷售的新思維，可以更好地幫助女性消費者讓她們的家人坐在餐桌前，享受她們做的食物。這些思維與心理、文化洞察一同構成行銷策略的基礎，我們把調查研究提供給零售商們並進行解說。這些行銷思想能把零售商的角色和定位轉化為可信賴的策略合作者。我們的客戶投資拍攝了一部專業影片，對女性消費者陳述的感人故事進行剪輯，提煉成對生活的真知灼見。

在說明了行銷思想後，我們允許零售商進行店內試賣，並且向競爭對手公開自己制訂策略的過程，藉此鼓勵全行業進行行銷的創新。同時，他們還要負責兩種以上產品類型的創新行銷。對於這個行銷策略制訂團隊，「策略學習之旅」提供了他們一直苦苦追尋的策略機會，透過整合行銷思想，幫助重要的零售商與客戶建立情感的忠誠度，進而擴充品牌內涵，強化自身與重要客戶的關係。

章引言

在本書第一章，我們介紹了「同理心策略」的思想，就是在行銷策略中以激發同理心為基礎的組織學習，作為企業競爭優勢的強大來源。在第四章到第八章中，會介紹「同理心策略過程」，行銷、策略和洞察專家可以將其作為一種領導力工具，用在制訂同理心策略，進而幫助管理和建立應變型行銷策略，並成為全組織進行共同學習的基礎。

制訂「同理心策略」過程與傳統的策略制訂過程不同的是，它精心吸取了不同部門的利益相關者，把用於客戶或消費者的策略學習當作基礎，「從下而上」、互相合作制訂策略的過程中，利益相關者們則是負責執行策略。我們將這種精心設計、以團隊為基礎的學習方法稱為「策略學習之旅」，這種學習的目的在於能夠獲得激發策略的洞察力，也就是行動來自於學習。一些成功的企業（如嬌生Johnson & Johnson）就堅持這種共同合作的方式，他們相信，為了某一個具體的策略提案而工作的團隊，需要傾聽消費者的心聲，以確保這些提案能根植於對消費者的洞察中。

在第四章至第八章會闡釋「同理心策略過程」的三個階段，詳細介紹如何開始進行策略的研究和規劃，以及如何使用內部的交流工具去設計和執行這個過程，使其能在組織內部中落實。

概述「同理心策略過程」

「同理心策略過程」分為三個階段：沉浸、活化、啟發，同時包含一個前置階段：前期規劃。這些階段分別用來回答以下問題。

1. **前期規劃**（Pre-Planning）

- 企業面對的行銷策略主題有哪些？
- 必須做出的行銷策略決策是什麼？
- 誰需要成為策略制訂團隊的成員？

2. **沉浸**（Immerse）

- 現有的內隱知識或消費者數據有哪些？
- 新的沉浸式研究的目標和範圍是什麼？
- 正確的沉浸式研究方法是什麼？

3. **活化**（Activate）

- 從沉浸式研究中能獲得哪些新的洞察？
- 這些洞察對行銷策略的意義是什麼？

4. **啟發**（Inspire）

- 如何與策略團隊之外的利益相關者分享這些新的洞察和策略，從而激發同理心，制訂應變型的行銷策略？

在「同理心策略過程」的三個階段中，每個階段都以前一個階段為前提，有各自具體的目標和產出，因此不能為了節省時間或預算就跳過任何一個階段。不過，根據具體項目的不同目標，可以調整優先順序和重要程度。例如，第二階段的策略所產出的「活化」是要與更廣泛的利益相關群體分享，這些利益相關者雖與策略的關聯性低，但為了成功執行行銷策略，發展高水準的同理心策略，在第三階段的「啟發」投入更多時間和預算就非常重要。但是，在其他情況下，如

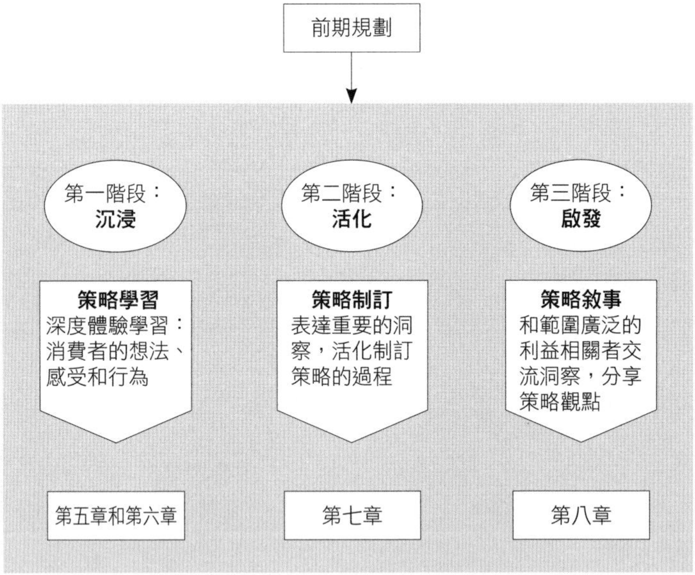

圖4-1　同理心策略過程的三個階段

果策略可以很容易地在企業內進行傳達，或是只需要在很小的範圍內交流，時間和資源就可以集中在第一階段和第二階段。

前期規劃

前期規劃的首要目標是確定行銷策略主題能被清晰的理解。為了做出行銷策略決策，花時間去界定以下必須回答的關鍵問題，是非常重要的：圍繞行銷策略主題，需要做出哪些行銷決策？策略制訂團隊和「策略學習之旅」需要包含哪些成員？

在這一階段，將利益相關者納入考慮範圍是非常必要的事，這些人不必是項目團隊的成員，但在最後結果的產生上扮演著重要角色，例如廣告商、行銷活動公司、零售採購商等。他們可以收集和掌握客戶的滿意度狀況，因此需要向他們傳遞策略（第八章將進行詳細解說）。

人們往往會傾向於組織一個大型策略制訂團隊，跨越職能，來源廣泛，透過集中學習來鼓勵投入，從而達到良好結果。實際上，如果策略團隊成員因為缺乏技巧、責任心和實踐能力，在整個過程中沒有發揮作用，那麼團隊越大越會有反效果。我們的客戶經常回饋說，他們希望團隊小一點，可以讓過程更加快速，團隊學習更加順暢。表4-2為某服飾品牌前期規劃清單，供大家參考。

第一階段：沉浸到消費者的世界中

在第一章我們指出，策略學習需要同理心和數據，它們是制訂行銷策略的基礎。策略制訂團隊想要與客戶或消費者建立真正的同理心，就必須沉浸到客戶或消費者的世界中，不僅要想像他們如何思考和感受，還要與他們在日常生活場景中攜手並肩而行。正如在第二章

表4-2　某服飾品牌的前期規劃清單

(1) 行銷策略主題。一個領先的年輕休閒服飾品牌在過去兩年銷售額節節下滑。追蹤數據顯示，與最近崛起的兩個競爭品牌相比，他們在年輕男性服飾的市場占有率大幅減少。從零售商的回饋來看，他們的產品過時，而競爭對手的銷量卻非常高。
(2) 行銷策略決策。建立一個新型、富有競爭力的品牌定位策略，重塑品牌形象，為新產品設計方向。
(3) 時間框架。在六個月內，從關鍵的返校銷售季開始執行新的廣告宣傳活動。
(4) 策略制訂團隊。品牌團隊、產品設計團隊和銷售團隊。
(5) 利益相關者團隊。
——未來將實際執行策略的廣告公司和創意團隊（他們往往是團隊的核心成員）。
——主要的零售採購商，他們會決定如何將新產品納入各自商店的促銷計畫中。

提到的，人類學家已經採用這種場景式方法研究幾個世紀以來人類的文化和行為。他們與民族誌研究對象一起生活數個月，但企業管理者很難投入這樣的時間和預算。

在商業世界中，想與消費者同行，是透過設計和進行深度的沉浸體驗式研究來達成，這就是為何將同理心策略過程的第一階段稱為沉浸階段。一般而言，第一階段時程約是三到六週，這一階段不能操之過急，如果淺嚐即止，策略制訂和組織學習的效果就會大打折扣。近年來，敏捷研究（Agile Research）受到越來越多的重視，它是採用疊代方法快速追蹤研究結果。在「策略學習之旅」中，這一方法可以用於收集數據或是提煉能推展研究的因素，但不能因此就加速整個深度洞察和理解的過程，同理心是需要時間的。

具體來說，第一階段的「沉浸」包括以下三個步驟。

- 複習現有情況（數據和內隱知識），確定策略學習任務。
- 確定沉浸研究的範圍。
- 設計沉浸研究的方法。

1. 複習現有情況，確定策略學習任務

第一階段的首要步驟就是複習並回顧團隊成員現有的成果和內隱知識，然後找出過時或是不夠充分的知識。在學習上，尤其是策略團隊內部分享內隱知識時，必須保證投入足夠的時間，這可以產生突破性的思維，弄清楚需要進行哪些新類型的學習。

在上面提到的年輕休閒服飾品牌案例中，品牌團隊對年輕人思維模式的認知已經過時。因此，對品牌團隊來說，複習現有的數據和消費者資料非常重要，同時還要提出假設，說明行銷策略的主題，即品牌為什麼會失去自己的特色。相關的購買行為數據顯示，在主要的市場中，學生返校季的網路重複購買率下滑，年輕男性在經常瀏覽的網站上的產品點擊率也在下滑。另外，品牌追蹤資料顯示「擁有最新款」的數據已經下滑，通路銷售數據也同樣顯示了百貨公司銷售額在減少。設計總監的兒子和自己母親說，「酷小子們」已經不再穿這個牌子的衣服了。在主要市場中，一些對近期年輕人持續關注的組織指出，這些年輕人並不介意在家中穿這個品牌，但去學校時會因為此品牌不夠時尚而拒絕穿。

所有這些訊息讓我們看到正在發生的狀況，以及如何幫助客戶設置策略學習任

務。策略學習的目標不是憑空猜測哪些可行或不可行，而是在任務和工具中反應現有的數據和內隱知識。例如，在這個案例中，策略團隊可以做出決定，策略學習的任務是：理解在同年齡的男性青少年中，風格的改變對他們在選購衣服上的影響，以及品牌的競爭定位和產品供應。

2. 確定沉浸研究的範圍

在對現有情況進行複習總結後，下一個步驟是設計沉浸式客戶研究，這是以「確定研究範圍和設計研究方法」作為開端。研究範圍的涵義是「我們與誰交談」以及「在哪裡交談、研究的場景是什麼」，研究方法回答的問題是「我們如何展開研究」。

一般而言，在確定範圍時，需要與自身產品以及競品的用戶進行對話，而且必須擴大對談的人群範圍。就像在第一章介紹的，從外部尋求新鮮知識是一個「學習型組織」的成功做法，可以帶來更好的業績表現。與領域內的「潮流達人」或專家交談，如記者、設計師或零售商，從不一樣的視角獲取訊息，是非常有用的。

案例 潮流達人的影響力

潮流達人是較早接受或鼓勵新消費行為傳播的消費者，從二十世紀九〇年代後期開始，這一族群就成為行銷和消費者研究的焦點。潮流達人是獲取洞察的重要來源，因為他們當下的行為可以作為對主流消費者未來行為的研究線索。想招募潮流達人做研究需要透過網路聯繫，因為你很難在招募人員資料庫中找到他們（詳細招募技巧見第六章）。

麥爾坎·葛拉威爾（Malcolm Gladwell）在他第一本暢銷書《引爆趨勢》（*The Tipping Point*）中提到「少數原則」，即少數人透過社群網路推動理念或時尚。這些人分為三類：交際達人（他們認識每個人）、內行人士（他們是專家高手）、銷售人員（他們向其他人推銷品牌理念）。當這些人開始對某事某物感興趣時，這些東西很快就會傳開了。

我們在招募時可以借鑑和參考這個標準。埃弗雷特·羅吉斯（Everett Rogers）的創新擴散理論（Diffusion of Innovations Theory）把採用創新的人分為革新者、早期採用者、早期追隨者、晚期追隨者和落後者。在這些人中，革新者（約占總人口的二・五％）承擔風險去改革，提出新思維或行為；早期採用者（約占總人口的一三・五％）採納新思想，在引導主流人群方面有著主導作用。

在一次汽車設計概念研究中，為了瞭解主流消費者對設計的認知，我們選擇了三類族群進行交談：設計專家，像是居家設計雜誌編輯或產品設計創意總監；擁有深厚審美品味或是專業設計產業背景的年輕潮流達人；不同年齡層的主流車型購買者。

此外，作為研究的一部分，研究情境也非常重要。如同在第二章介紹的，情境對理解消費者行為和決策非常重要。情境包括區域市場、亞文化場景（如運動汽車愛好者、電腦遊戲玩家）、社交場景（如工作中的同事、酒吧裡的朋友）、銷售通路管道（例如傑西潘尼百貨公司、蘋果零售店）。怎麼設計出一套研究方法，才能讓我們觀察和理解消費者在面對品牌時是如何做出決策的呢？在情境中調查採訪不僅可以提供沉浸式和體驗式的學習方法，而且避免了已經討論過的一些問題，像是記憶的侷限性和「系統二：理性」的思考問題。

3.設計沉浸研究的方法

設計沉浸研究的方法，是對研究任務和範圍進行創新的思考。那麼，應該如何在恰當的情境下觀察消費者並與他們交談，進而產生新的洞察呢？預算、時間和現實限制因素都要納入考慮中。在第五章和第六章，會透過案例研究介紹許多觀察訪談技巧，進行深度學習，從而發掘消費者的思考、感受和行為模式。就像在第二章探討的，創新對一個策略團隊而言非常重要，可以讓他們採用新的方法、工具和跨學科路徑去真正瞭解消費者。

基於時間和資源的有限性，從商業的角度講，首先必須確定研究的範圍和方法。與此同時，要讓策略團隊在觀察工作中保持思維活躍，才有助於發現新穎和有深度的洞察，從而能夠自然而然地展現消費者的真實世界。

應當在第一階段給予更多時間來進行額外的探索，因為若是要回答出現在策略研究中的新問題，此時就需要擴大研究範圍或增加任務。另外，訓練策略團隊成為高效率的消費者觀察者、訪談者、記錄者和分析者，也是要投入充足的時間。正如班傑明·富蘭克林（Benjamin Franklin）所說，策略團隊成員必須參與到消費者的世界，只有這樣才能學到知識。面對沉浸研究的這個機會，策略團隊必須積極主動參與其中，停止去研究外面的專家，要轉向與內部消費者建立同理心。我們會在第五章到第八章提供觀點和工具，幫助策略團隊展開消費者觀察和訪談。

第二階段：活化行銷策略的洞察

在沉浸到消費者的世界後，策略團隊要運用他們已經形成的同理心理解，去表達重要的洞察，並且在互相合作的策略制訂過程中使用這些洞察。我們將這一過程稱為策略洞察的活化，可以透過策略團隊的研討會來進行活化。在課程中花一點時間去深度分析調查結果，總結新的學習成果，重塑消費者洞察。如果沒有做到這些，策略團隊只能回到熟悉的舒適圈，不能進行深入思考，無法將沉浸研究中的觀察轉化為能形成突破性策略的新洞察。

活化研討的時間安排非常重要，只有確保洞察訊息的靈活度，才能刺激利益相關團隊的學習。在完成現場研究後，立刻進行半天的活化研討，這對於獲得最新的印象、找到研究分析的重點，是非常有幫助的。在現場研究後的兩三週時間內，應當舉行一次時間更長的活化研討，既可以有時間分析研究發現，同時也能確保團隊對第一手印象依然保持新鮮。在第七章會介紹獲取關鍵洞察的方式，以及如何設計和執行合作活化研討，幫助利益相關者團隊激發策略洞察。我們還會介紹如何利用品牌創新思維能力來設計活化研討。

第三階段：在廣泛的利益相關者中啟發同理心

在第三階段，策略團隊必須將他們在「策略學習之旅」過程中形成的洞察和策略觀點，與利益相關者進行交流和分享。在第一章中介紹過，把個人學習轉化為集體的組織學習，這對制訂行銷策略非常重要。成功的企業堅持創造和傳播新知識，並將新知識融入新產品中。因此，我鼓勵客戶在專案開始時，就要著重考慮如何傳播洞察和策略，同時設計合適的方案去清楚表達研究的問題。

第三階段之所以被稱為啟發，是因為必須採用強而有力的方式進行溝通交流，才能啟發核心利益相關團隊所經歷的同一種同理心，而這正是策略行動的基礎。在第一章結尾的案例中，我們看到一家全球性的家庭網路供應商是如何幫助工程師理解消費者在購買和安裝設備時所面臨的困難。工程師團隊知道大部分消費者在技術上都遠遠不如他們，但看過消費者在購買和安裝公司產品時遇到種種困難的影片後，他們被啟發去站在消費者的角度思考，從而開發出新型的路由器產品，提供用戶互動界面，引導消費者瞭解安裝流程。這一產品雖然價格稍貴，但仍然獲得消費者的青睞。在第八章將會提供詳細建議，指導任務的交流和創建媒介，從而在範圍更廣的利益相關者中進行洞察的交流、啟發知識、活化策略。

下頁表4-3是總結的同理心策略過程的清單和時間表，供大家參考。

案例 同理心策略實施過程：全球口腔衛生品牌的創新

1. 簡介

我們的客戶是全球著名的口腔衛生品牌，他們希望規劃一次全公司的「策略學習之旅」，目的是對消費者體驗和牙周疾病治療建立同理心，獲得更深層次的洞察。他們希望學習成果能活化新產品的研發。為了確保洞察能夠在整個公司得到傳播，激發員工們對消費者的同理心，來為執行新的重要策略行動奠定基礎，他們選擇以「影片」來作為學習的重要內容。公司的核心策略團隊規模較小，包含來自消費者洞察、產品行銷、專業行銷以及研發部門的代表，但公司希望將學習擴大到其他利益相關者，包括美國的執行管理團隊、歐洲的公司管理層、公司的客戶（牙科專業人士）等。

2. 前期規劃

公司面對的策略行

表4-3　同理心策略過程清單和時間表

第一至第二週／前期規劃

(1) 設計企業面臨的行銷策略主題。

(2) 確定期望的效果和將獲取的策略決策。

(3) 確定：①策略團隊成員；②範圍廣泛的利益相關者組織；③策略學習任務；④「策略學習之旅」的時間安排，傳遞期望的策略效果。

第三至第六週／沉浸

(1) 確定現有的內隱知識或消費者數據。

(2) 確定研究的任務和範圍。

(3) 設計研究的方法和工具。

(4) 制訂現場工作計畫和時間表。

(5) 在調查訪談中對策略團隊成員進行培訓。

第四至第九週／活化

(1) 實地活化研討。

(2) 研究分析。

(3) 落實活化研討的設計和安排：①重要消費者洞察；②協作制訂策略。

第六至第十二週／啟發

(1) 確定要進行交流的任務。

(2) 設計、製作和運用交流媒介。

銷主題是過度依賴狹窄的產品組合，使公司錯過收購口腔衛生產業中高品質品牌的機會。因此，公司期望的行銷決策是透過研發新產品來確定擴展品牌的具體時機。

3.第一階段：沉浸

公司內部已經有很多現成的數據和內隱知識，但關於消費者回饋牙周病的體驗和感受的內容較少。此外，公司還想瞭解消費者尋求治療的動機，牙科醫生是否願意、以及如何向病人推薦現有和新型的產品。這些目標確定了研究的範圍和任務。因此，我們決定最佳的沉浸研究方法是將民族誌式訪談、對病人和牙醫的深度採訪，以及對口腔工作者的小型聚焦訪談融為一體。

民族誌式訪談可以觀察到口腔衛生在消費者整體健康行為中的作用和重要性，能詳細了解口腔衛生保健狀況；可以使用深度視覺化等技術來對消費者進行深度採訪，記錄他們對牙周疾病的感受體驗；對牙醫進行深度採訪可以從臨床和商業角度，和他們真誠地討論推薦新產品；對口腔工作者的小型聚焦訪談，可以鼓勵他們分享在為病人治療諮詢時的關注點和方式。策略團隊成員會參與所有的研究階段，我們會提供相對應的培訓，以便讓他們順利進行民族誌式訪談。

4.第二階段：活化

在第一階段實際工作兩週後，策略團隊在總部大樓舉辦了一次全天的活化研討會中我提出：在牙周病發展的不同階段時，消費者的不同體驗和感受，以及基於病人和醫生的回饋，消費者尋求治療的時間點和他們在這些關鍵點上的態度、動機和行為。團隊可以建立新的洞察，分享彼此的內隱知識，如此對於消費者牙周疾病治療的痛點和需求能達成一致意見。之後，他們透過小組討論方式，找到不同產品的好處以及讓消費者購買的理由，這是構成產品研發理念和研發目標的基礎，如此能從臨床上來解決用戶的痛點和需求。在此階段，團隊為未來的探索建立了新的產品理念。

5.第三階段：啟發

我們製作長達一個半小時的影片，從採訪和文字投影片中尋找素材剪輯，藉以交流和展示消費者在牙周病不同發展階段的體驗，以及每個階段他們的情緒反應和治療方法。在隨後幾年，這段影片被反覆作為該公司內部培訓的教材，能刺激品牌對客戶的同理心，感受他們在牙周病的全部體驗：消費者如何、為何尋求產品和治療，以及他們尚未得到滿足的需求。

6. 結果

活化研討的最終結果是形成大約十個新的產品理念，用於公司的「敏捷」定性研究。策略團隊透過成立「消費者焦點」小組，對這些理念進行探索和提煉，每個焦點小組都建立在上一個小組的學習所得基礎上。在為期兩天的現場活動中，汲取並整合這些理念，最終用在開發新產品、拓展新客戶和優化專業推廣方式上。

章節核心要點

1. 同理心策略過程

同理心策略過程分為三個階段：沉浸、活化和啟發。整個過程至少需要六週時間。在開始之前，需要做好前期規劃，目標是要先能夠清晰理解企業所面臨的行銷策略主題；接著，將做出的行銷決定具體化；策略團隊要能吸收合適的成員，使這個過程的學習可以得到高效的執行和整合；在設計研究、彼此交流洞察和策略時，要去理解其他廣大利益相關者的需求。

2. 第一階段：沉浸

第一階段沉浸的目標是：透過展開深度的沉浸式研究，與消費者或客戶建立同理心。策略團隊必須做到以下幾點：複習現有情況，確定策略學習的任務；確定沉浸研究的範圍；設計沉浸研究的方法。

3. 第二階段：活化

第二階段活化的目標是：運用第一階段中獲取的同理心，在團隊活化研討上傳遞關鍵的洞察，作為共同合作制訂行銷策略的基礎。

4. 第三階段：啟發

第三階段啟發的目標是：藉由影片或其他媒介來與其他利益相關者分享策略學習的成果。

第5章

沉浸式研究方法

- 說明沉浸研究的概念，以及如何設計沉浸式研究，讓行銷策略團隊可以對目標消費者或客戶建立深入且直觀的理解。
- 介紹主要的沉浸式研究方法，解釋如何使用每一種方法。
- 透過研究全球性案例，了解如何綜合運用跨學科的方法來進行沉浸式研究。

開篇案例：牛奶在印度文化上的意義

當我騎著單車閒逛或是空手道練習到累的時候，就會需要喝牛奶。我需要補充力量，這是為了增強記憶力，我需要記憶力去學習。平常我必須幫助媽媽，我非常愛她。

——一個來自印度班加羅爾（Bangalore）的十歲男孩

今天的世界充滿了競爭，他們將會成功……他們將會勇敢、積極，充滿鮮活的力量。有了Bournvita（英國傳統品牌吉百利旗下的牛奶品牌），孩子將會變得強壯。

——一位來自印度孟買（Mumbai）十歲兒童的母親

食物和飲料品牌可以喚起消費者內心深處的情感和文化聯繫，這是因為食物是生存的必需品，也是社交和情感的紐帶。我們在美國的一個客戶推出一款「添加牛奶」的美味巧克力產品，可以在巧克力粉中加入熱或冷的牛奶。產品的定位是提供「有趣的營養」，將目標客群鎖定在青少年兒童。

在美國，牛奶的文化符號是「母親的養育」。然而，美國的孩子們進入小學後，尤其是年齡稍大的孩子，希望用果汁飲品、蘇打水來替代牛奶。因此，「有趣」是品牌定位的必要元素，可以在兒童成長過程中，強化牛奶的地位。

然而，在印度，「機能型牛奶」產品被稱為「牛奶食品飲料」，主要競爭對手有英國傳統品牌Bournvita和Horlicks（好立克），它們的定位是為兒童提供營養，同時添加維生素作為機能性產品。我們的客戶看到印度市場的機會，但首先需要弄清楚行銷策略主題，也就是如何具備競爭力在印度市場中定位自身品牌。因此，他們展開一個跨學科的研究專案，希望在開始推廣市場前，掌握印度消費者的想法、感受和行為。策略團隊（來自美國的全球品牌團隊和印度當地的行銷部門）進行了一次「策略學習之旅」，獲取了一些超出預期的成果，改變他們在當地的品牌定位和競爭策略。

我們設計的研究方法可以讓策略團隊理解牛奶在印度家庭中的文化地位，進而探索品牌定位和產品配方概念。研究共分兩個階段，分別單獨進行，但是美國的團隊需要完成大部分的沉浸研究工作。團隊工作的起點是採訪一位兒科醫師（此時，團隊成員是以兒童營養專家的身分出現），隨後在孟買和班加羅爾進行三小時的民族誌式訪談，接著舉辦三小時的創意研討會探討相關理念（本章後面會詳細介紹如何進行每一步操作）。

我們招募一些孩子年齡在十歲以下的中產階級母親，她們是牛奶食品飲料的主要購買者。招募對象的挑選標準來自於一項社會經濟分類，她們的家庭特徵是：丈夫至少擁有大學學歷，在商業機構中擔任中階或高階管理者，或是自己當老闆，負責賺錢養家。在採訪前，這些母親使用圖片和文字製作一本剪貼簿，來表現牛奶對她們的意義（之所以沒有採用數位方式，是因為這些目標客戶並非總是接觸電腦）。

給策略團隊的第一個驚喜是，牛奶對印度母親的文化重要性。餵孩子牛奶是每天清晨的慣例，這一習慣根植於長期以來對家庭成員健康的重視。

傳統上，奶牛（印度教中作為祭祀的牲畜）在農村地區是很重要的食物來源。將牛奶製作成凝乳、起司和酥油等是一項傳統技藝，這些乳製品是印度人的食物基礎。即使是在印度的大都市孟買，一些城裡人仍然會養殖奶牛。對其他家庭而言，水牛或奶牛生產的未經高溫消毒的牛奶會直接提供給他們，他們就會按照傳統技藝進行製作。不過目前這種情況正在發生變化，包裝的奶製品提供了更多的樣式和口味，漸漸被兒童接受且受到歡迎。

牛奶會在早晨進行高溫加熱，確保安全使用，同時分離出乳脂來進一步加工。牛奶中添加活性成分後可以製成凝乳（類似優格），加熱和過濾乳脂後可以製成起司或酥油，它是一種軟軟的起司，可以添加在蔬菜食物中補充優質蛋白。在早晨給孩子端上一杯熱牛奶是飲食習慣的一部分，可以為他們提供蛋白質。因此，對印度母親來說，牛奶與家庭營養緊緊綁在一起。

對母親們而言，小孩身體健康是衡量她們在養育方面成功與否的重要指標。兒科醫師在孩子很小的時候，就會使用成長表格讓媽媽們知道各項健康指標；學校會幫孩子們做體檢，測量他們的體重和身高等。

> 母親關注的是自己的孩子是不是和同年齡孩子一樣高、他是不是班級裡最矮的，所以我會用曲線圖向她們展示孩子正在成長。
>
> ——一位來自孟買的兒科醫師

兒科醫師告訴母親們，牛奶可以提供孩子們成長所需的鈣和蛋白質。所以，對她們而言，牛奶與成為一位好母親之間存在著文化與情感的關聯。不過，讓孩子喝牛奶並非總是那麼容易，所以，各種調味牛奶飲品可以讓牛奶顯得更可口，進而成為很多家庭牢不可破的飲食傳統中的一部分。從歷史上看，機能型牛奶飲品一直被定位是身體成長產品，對低收入家庭來說，小包裝能讓他們負擔得起。

在現代的印度，對於新興城市的中產家庭，已經不存在食物短缺的問題，兒童身體和精神健康成長，能在競爭激烈的新興經濟中勝出，這成為父母們新關注的焦點。就像在西部地區一樣，中產階級的印度女性生孩子的數量變少，撫養一到兩個孩子健康成長是她們新的重心（她們承認，這可以讓自己老了之後獲得幸福）。

在經濟快速發展的印度，教育被視為通往未來成功的階梯，孩子面臨著激烈競爭，想在小學和中學教育中「勝出」，想要進入久負盛名的大學深造，他們必須拿到接近完美的分數。父母也希望孩子參加校外活動，像額外的學習輔導、體育和舞蹈課程等，這可以讓他們更具競爭優勢，例如突出的體育成績也可能是他們以較低分數進入優秀學校的重要途徑。現在，印度的母親將自己的養育目標定為「幫助孩子在日益變化的競爭世界中勝出」，她們養育孩子的關注焦點已經從單一成長轉變為身體能力和精神表現的全面勝出。

我們希望孩子比我們厲害，證書要多考幾張，體育要好。如果你是一名運動員，就可以在大學中有一席之地，因為現在運動員享有各種優先權益。

——一位來自孟買九歲兒童的母親

在印度新型養育體系中，牛奶依然扮演核心角色。兒童一般從五歲開始學校生活，他們可能會調皮搗蛋，在上學之前不願意吃東西。早餐的牛奶被視為食物的最佳替代品，上學前吃早餐時，牛奶作為一種「完整的食物」被拿來填飽孩子們的肚子。母親將牛奶視為孩子們開始學生生涯時不可或缺的食物，可以保證孩子們在午餐前獲得身體和精神的力量，得以在課堂上表現更佳。

我們當母親的都相信，孩子喝了牛奶之後可以充滿力量。吃飽的孩子可以快樂、健康，表現得更好。

——一位來自孟買六歲兒童的母親

由於牛奶在新型養育體系中依然居於核心地位，因此機能型牛奶飲品的作用依然重要，不僅可以讓母親相信孩子會健康成長，更滿足她們培養孩子強大精神力量的需求。牛奶飲品的品牌定位進化已經反應出這種新的文化現狀。在吉百利的Bournvita產品廣告中，一位母親為訓練兒子（看起來大約十歲）而全力奔跑衝刺。這位母親說：「當我的孩子擊敗我的時候，他就可以認識到勝利是一種習慣。」在一次次的訓練裡，孩子的哭泣中充滿了脆弱和挫敗感，但最後，他在比賽中超越自己的母親率先衝過終點。母親說：「今天他擊敗我，但其實是我勝利了。」

在早餐牛奶產品方面，市場面臨著Bournvita等傳統品牌的強力競爭，策略團隊認為應該在每天放學後尋找機會。對於放學後的時間，母親對新品牌持有更開放的態度，而且更遷就孩子的愛好。她們會鼓勵孩子選擇一些單獨的麵食、冷凍或包裝零食以及其他產品，例如優格等。讓兒童對產品產生獨立的偏好，這對於兒童食品或飲料品牌來說是非常重要的，因為孩子的選擇一旦定型，產品就會伴隨他們走過少年階段，甚至延伸到青年時期。在任何文化中，進取型的兒童品牌與母親選擇的品牌不同，它們反應的是「少年想要與幼年時期脫離」的情感需求。從學校或課外活動中回到家，印度的學齡兒童一般都會喝牛奶，但並非一成不變。因為孩子在白天已經吃了很多東西，所以媽媽們會比較放鬆，此時她們的養育目的更多是想犒賞孩子，讓孩子放鬆快樂。但是能量對兒童參加晚上活動依然重要，這在午餐和晚餐之間扮演了跨越能量鴻溝的橋梁。

> 晚上七點，孩子在練習完網球或上完舞蹈課後，已經喝過牛奶。但是他們還會很餓，在八點半晚餐前，我能為他們準備的食物並不多。他們需要額外的能量來滿足他們的學習需求。
>
> ——一位來自班加羅爾九歲和十一歲兒童的母親

> 下午他們喝過果汁或飲料，也吃過冰淇淋和起司。起司或低脂牛奶都來自牛奶，冷巧克力或熱巧克力也可以。在晚餐前吃什麼都行，可以因季節而不同，主要由孩子自己來選擇。
>
> ——一位來自班加羅爾十二歲孩子的母親

這些發現為美國品牌團隊提供沉浸策略學習的機會，讓他們可以瞭解印度市場，與當地行銷同事一起開拓新市場。

章引言

第一章提到「同理心策略過程」開始於團隊共同分享的有意識學習，這是制訂行銷策略的基礎。我們將這種主動設計的團隊學習方式稱為「策略學習之旅」，學習設計的目的在於形成洞察，進而激發策略，所以行動來源於學習。一次「策略學習之旅」需要盡可能收集各種形式的數據和意見用以支持學習，其核心是沉浸式的消費者研究，從而對消費者或用戶形成深層的理解，使品牌能更契合他們的生活。

第五章主要探討沉浸式的研究方法，可以在「同理心策略過程」的第一階段（沉浸）中使用，藉由在策略團隊內部提升策略學習，達到制訂行銷策略的目的。本章討論的方法無論是在學術理論還是在消費者洞察諮詢實作中，都擁有很強的適用性，隨著新技術的出現和新洞察工具的進化，這些方法仍然可以發揮重要作用。

許多新方法，像是行動式民族誌研究或是MROC市場線上研究社群[1]，建立在現有的理論方法和消費者研究實踐上，並促進後者的進步。一些方法（像視線追蹤技術）已經使用幾十年，不過由於大量廉價技術的出現，透過與其他研究方法的融合，這些方法正在產生新變化。就其自身特點而言，所有這些新技術都無法成為遊戲規則的改變者。

然而，許多新技術被吸收投入「同理心策略過程」的工具庫中，透過運用跨學科研究方法，可以對消費者的想法、感受和行為形成深層洞察。因此，本章討論的方法，無論是形成已久還是新興的，都應該成為學生或是相關從業人員展開學習的有用工具，藉由運用這些新方法，能為研究帶入新的洞察力。第五章的主要內容是解釋如何在策略學習中，透過跨學科方式來設計沉浸式研究。在第六章，將會繼續說明如何管理沉浸式研究以及如何設計研究方案，使用具體的沉浸式研究工具來發掘消費者無意識的態度、品牌認知和動機。

沉浸式研究具體指的是什麼？

無論是在學術或是行銷諮詢上，沉浸式研究目前都還沒有一個被廣為接受的定

1　MROC市場線上研究社群：Market Research Online Community，簡稱MROC。招募一群特定的人到一個獨立的線上互動區域，藉此透過長期、有計畫的研究活動獲取訊息，幫助企業隨時隨地做調查，深入挖掘消費者需求，快速瞭解消費者動態。

義。有些人將沉浸式研究定義為：理解消費者「在某個時刻」使用某項產品或服務的體驗及遇到的困難。也有人將沉浸式研究定義為：研究者有目的地把自己沉浸在一個特定的亞文化中進行深度研究的行為。還有一種較為狹義的定義，認為沉浸式研究是使用虛擬模仿的方式，測試購物者對新產品、新包裝或新促銷方式的反應。

基於本章的目的，我把沉浸式研究定義為一種跨學科研究方法，它可以讓負責制訂行銷策略的團隊，透過在相關場景中觀察與分析消費者的行為、經歷、深層理念、情感及認知，建立一種對目標消費者或客戶的深度理解。下面會解析這個定義。

(1)在相關場景中觀察。團隊由此看到消費者如何以及在何地體驗產品或服務，這可能發生在「某個時刻」外出去尋找消費者體驗發生的場所（例如觀察一次偶然的使用場合）。然而，「在某個時刻」是一種昂貴的研究方式，並非總是必要的，因為可以請消費者提供一些訊息進行遠端觀察。例如，在第一章家庭網路案例中，讓消費者提供家裡網路設備的安裝場景，以此觀察（並一起探討）現有設計存在的問題、以及新設計理念的方向。

(2)在相關場景中分析。研究者與消費者（使用本章提到的各種工具）一起工作，發掘消費者在某一特定場景中所抱持的深層理念、情感和認知。例如，在第四章為家庭準備餐點的案例中，請受訪者將值得記憶的烹飪經歷錄製成影片，以便讓團隊更好地理解一位母親對自己在家庭角色中秉持的信念，以及有關餐桌的情感和文化的重要性。

(3)在設計合適的沉浸式研究方法和工具時，非常有必要選擇「相關情境」。如果情境規定得過於狹窄，就可能導致團隊錯過必要的理解途徑。例如，在準備家庭餐點的研究案例中，如果我們僅僅將場景侷限在客戶的產品上，沒有擴展延伸到範圍更廣的文化和情感背景，那麼就會在展開行銷活動、進行新產品研發時，錯失有幫助的豐富細節。理解產品的使用背景可以提供整合化的解決方案，幫助企業找到盈利機會。

例如，飛利浦（Philips）在推出Sonicare品牌之前，透過研究消費者全部的口腔保健問題（不僅僅侷限於刷牙），發現人們用牙線清理牙齒時需要額外協助，因此設計出一款電動牙線去彌補現有電動牙刷的不足。這讓Sonicare迅速成為先進的口腔保健品牌，贏得消費者和口腔專業人士的信賴。

深度洞察是要理解消費者的想法、感受和行為，因此沉浸式研究方法常常是定性的。然而，它們也可以是量化的：新技術（如文本、影片和影像分析）可以提升分析複雜量化樣本的反應能力。在本章下一節，會看到許多沉浸式研究方法和工具，以及團隊如何運用它們制訂行銷策略，透過在相關情境中觀察和分析消費者的行為、經歷、深層理念、情感和認知，建立一種對目標消費者或客戶的深度理解。

商業領域的民族誌研究方法

我們討論的第一個沉浸式研究方法是在商業場景中。在第二章，我們知道民族誌研究（根植於人類學方法）是在當地人的生活環境中，對人類行為做實地調查研究和記錄，研究對象是社會文化體系和日常中的慣例。透過這一定義，第五章中敘述的許多方法都可以採用民族誌視角。然而，許多民族誌研究學者強調，研究人員應當親自沉浸於受訪對象的日常活動中，從而觀察和記錄第一手資料。這也是本章採用的定義。

民族誌研究廣泛應用於商業領域至少有二十年的歷史，而且在過去五到十年間，線上和行動民族誌的研究工具得到更廣泛的應用，研究者不必「身臨其境」就可以進行「觀察」。在考慮經濟與時間成本的基礎上，研究可以更加廣泛。

典型的民族誌研究是縱向的，就是對發生在一段時間內的情況進行觀察，根據時間和地點的不同，區別不同的場景、社會文化動態和產品或服務體驗。然而，在商業領域很少能給研究者幾週或幾個月時間讓他們與受訪者待在一起！一般來說，針對消費者的民族誌研究會在相關場景中持續三小時到一天時間。許多對縱向研究方法感興趣的客戶，也會要求盡可能長時間與消費者接觸。

選擇場景至關重要。在一個狹窄的時間內，為了觀察消費者特定的產品體驗和消費行為，可以將民族誌研究內容稱為「居家」、「一起購物」或「一起駕車」研究。熟悉消費者民族誌研究的客戶一般都會在「徵求意見書」中慣例提出：「十次三小時訪談，其中一次需要在消費者實地購物的商場進行採訪。」然而，這種場景並不足以反應消費者生活場景的廣泛程度，因此應當盡可能自然、寬泛地進行民族誌研究和訪談。所以，消費者民族誌研究在方法上必須兼具計畫和自然。在招募階段體現計畫性，在與受訪者進行面對面或線上接觸時體現自然性。

設計和規劃民族誌研究項目

與其他量化研究相比，民族誌研究的計畫更加複雜。根據樣本大小和場景複雜度，至少需要四週時間進行商業領域的民族誌研究計畫和招募工作。如果消費者較難招募或涉及更多地區的市場調查，時間會更長。

設計民族誌研究項目的方法多種多樣，因此有必要花時間進行創意籌劃。可以考慮做一些初步的探索性研究。例如，符號掃描（Semiotic Scan）、小規模線上民族誌或網路誌。尤其要考慮研究的範圍（對誰訪談）和場景（在哪裡訪談）。

我們在第四章介紹過這一點。例如，一家服裝公司希望瞭解影響牛仔褲銷量的消費者行為變化，因此需要研究的範圍和場景會比較廣泛。除了這家服裝品牌的消費者，還必須將範圍擴大到非品牌客戶但具時尚引領效果的消費者，這些人做出的風格選擇可以影響市場趨勢，並能引發主流消費者的追隨，從而影響產品的銷量。對此設計的民族誌研究情境也更加豐富，貫穿消費者服裝穿著的各個場合，而不僅在於能看到牛仔褲的場合。

民族誌研究可以發生在「居家」生活中（觀察在不同場合時，衣櫃中的服裝和配飾選擇）和社交活動中，進而更能理解個人風格和社交場景。預先要做的內容包括詳細記錄工作和場合服飾的選擇。並運用第六章將提到的一些工具，探討牛仔服飾的文化和情感。這種研究對理解牛仔褲銷量下滑背後的複雜因素非常重要。

一般而言，在民族誌研究方案中，我的公司ModelPeople會將線上民族誌作為內容之一。這樣可以收集更多數據，也可以提前審查和選擇更具洞察力和參與感的招募對象。通常，線上民族誌工具主要有以下幾種。

(1)線上日記：參與者可以透過文字、圖片、影片來記錄他們的想法、食衣住行等。

(2)手機影片：參與者透過手機拍攝的影片，記錄「某一時刻」的活動，包括購物過程或體驗。

(3)手機備忘：記錄每次遇到某一品牌或商品時，可能影響其行為或認知的接觸點。我們會在電腦遊戲的研究中使用這一方法，了解在假期前消費者對電腦遊戲的想法以及對市場的影響。

(4)網路社群：參與者在一個月或更長時間內多次接觸產品，這樣可以收集縱向數據。與產品的接觸既可以是個人的，也可以是社交的，或兩者兼具。在一次服裝研究中，我們要求參與者將他們的T恤做成一個電子拼圖然後公開發布，讓其他參與者發表評論，這可以使我們觀察到在這種時尚亞文化下，哪種類型的設計更加受到青睞。

研究者常常會委託網路平台進行線上民族誌研究，接著向行銷團隊展示研究結果和數據分析成果。我的公司經營線上平台People Blog Spot已經有十二年之久，但近來我們也委託諸如Recollective這樣的商業平台進行短期研究。這些平台允許各類觀察者登錄，策略團隊可以進行線上民族誌研究，甚至包括面對面的個人民族誌訪談。這一點非常重要，因為可以產生豐富的數據，既包括民族誌數據還包括符號學數據。團隊還可以在參與者進行個人訪談的問題上達成一致。

在設計完項目，決定對哪些人進行訪談後，可以進行一次篩選，然後開始招募工作。第六章將會詳細介紹量化研究的篩選和招募。然而，需要特別強調關於民族誌研究的招募工作。觀察情境可能會要求參與者必須做出一些私密或個性化的事。例如更換衣服、刮鬍子、刷牙，甚至在團隊前淋浴。此外，參與者可能被要求佩戴眼鏡，以便追蹤和記錄眼部運動，這樣就可以深入分析在現場銷售中哪些東西可以吸引購物者。

在進行民族誌研究時，一定要確保招募者完全清楚參與者應當完成哪些內容，必要時向招募者提供書面說明，以免在後期訪談中引起參與者的不悅，使研究成果大打折扣。

執行民族誌研究項目

之前提過，和參與者單獨進行一次三小時民族誌研究的限制因素。我發現克服這些不利因素的最好方法，是制訂一份半結構化的研究方案，內容包括依次提出不同的民族誌式問題，加上情境化研究和非結構化訪談。兩者可以同步進行，從而形成關鍵洞察結果。制訂結構化方案的另一個原因是，可以確保只要透過一次研究，就能從所有參與者身上收集相同的數據，確保分析結果可以涵蓋所有訪談。

詹姆斯・斯普藍利（James Spradley）在《民族誌晤談》（*The Ethnographic Interview*）一書中，提出民族誌問題的三種主要類型，下面會透過一個以工作日午餐為主題的民族誌研究案例來說明。

(1)**描述類問題**。請參與者用自己的語言描繪一幅關於他們文化或日常生活的畫面。斯普藍利敘述了不同類型的描述類問題，具體如下。

- 宏觀問題，例如，「告訴我普通的上班日你是如何度過的」。
- 具體的宏觀問題，關注具體的時間或地點。例如，「告訴我你在一天當中吃什麼、喝什麼？」
- 引導性的宏觀問題，這類問題非常重要，可以讓參與者表現出與主題相關的內容，提供我們觀察的機會。例如，「和我說一下你上班日午餐都吃什麼」。
- 與任務相關的宏觀問題，讓參與者詳細說明有關的主題。例如，「給我看一下前一個上班日你購買午餐的發票，然後說一下吃的每一樣食物」。
- 微觀問題，有關主題的某一個具體方法。例如，「描述一下工作時你都如何加熱食物的」。
- 體驗式問題，詢問具體的相關體驗。例如，「聊一些你對上班時的午餐不滿意的地方」。
- 個性化語言問題，在行銷溝通交流中探索獨特的詞彙語言。像是如何稱呼午餐時間。

(2)**結構化問題**。請參與者展現他們是如何進行與主題相關的活動，這對於理解消費者後的分類方法非常重要。例如，「你是如何對上班時吃的食物或飲料進行分類的？有其他的分類方法嗎？」

(3)**對比類問題**。請參與者描述不同稱謂之間的區別。例如，「告訴我對你來說零食和正餐之間的區別」。

在民族誌訪談的初始階段，要讓參與者清楚知道接下來要進行的內容，與他們建立和諧關係，讓他們放鬆下來。我通常是從介紹自己和所有觀察者開始，然後給出一些提示，確認開始對話，讓參與者慢慢熟悉和我們談話的節奏。這有助於捕捉參與者表現出的亮點，尤其是當他為訪談做好充足的準備時（實際上沒有必要終止參與者的表現）。

我會詢問參與者喜歡在什麼時間、什麼地點接受訪談，然後選擇一個不會被其他家庭成員打擾的空間進行。而且，一定要確保參與者坐在他喜歡的位置上，這可以讓他感到舒服和自在。我會提早告訴他我（訪問者）的職業身分，這可以提醒自己要保護參與者的隱私。我會徵求對方的同意，對訪談內容進行記錄和拍照，並保證所有的記錄和照片僅限於研究團隊使用，不會用於公開場合。如果進行錄影，會為訪談制訂具體的方案，第八章會講到這一點。完成上面步驟後，我就會開始進入訪談，使用半結構化的問題作為引導。

我一直將訪談視為一種非正式的談話。從一般問題逐漸轉向具體的描述性問題，從而讓參與者在無須提示的情況下，以他們自己的語言方式盡其所能地進行敘述。如果參與者被某一話題困住，我不會糾纏於此，而是繼續往下進行，然後從不同角度再回到這個話題本身，因為隨著訪談的深入，參與者會越來越放鬆，能更清楚地表達自己的體驗、想法和感受。

斯普藍利指出，表達「興趣」的重要性對鼓勵參與者非常重要。我們可以重述他們的發言，此舉能鼓勵他們從最初的表達上繼續擴展和深入。斯普藍利還建議要忽略一些細微末節的描述。通常來說，就是一個英國人不需要理解一個美國人做的所有事情！我將民族誌訪談比喻為解開一團亂麻，繩子相互交織在一起，需要我們一根根解開。我們很難沿著直線找到相關訊息，因此採用半結構化的提問方式非常重要，這能讓具體的話題反覆出現，直到找到問題的核心。

前面討論了多學科方法在沉浸式研究中的重要性，我常運用多種工具（第六章會講到），從多個角度（兼具情感和文化）去探討一個主題。從這個意義上講，我可以「理直氣壯地」展開一項混合性質的民族誌訪談，然而對一些從業人員來說，他們還不具備掌握這種研究方法的能力。我認為在商業領域中進行民族誌研究不能限入僵化，應當明白**民族誌的訪談核心依然是文化情境下的描述性提問和觀察**。下頁表5-1為民族誌訪談範例，提供給大家參考，但訪談的最終結構仍然取決於策略學習的目標。

設計研究

就像在第一章提到的家庭網路案例，民族誌研究普遍應用於創造「設計者」與「產品或服務使用者」之間的同理心，可以讓設計者直接觀察使用者的表現、對產品或服務的體驗，以及遇到的困難和正在使用的解決辦法。透過這種方式，不僅可以產生新的思維改進設計，也可以深化整體產品理念，滿足之前尚未發現的客戶需求。

為了活化設計而進行民族誌觀察時，作家詹姆斯·卡洛皮奧（James Carlopio）所說的「活化分析」非常重要，即列出使用者執行與產品相關的所有任務。為了做到這一點，我們會設計研究方案來觀察使用產品的每個階段。例如，在一次民族誌研究

表5-1　民族誌訪談範例

1. 訪談開始前

目標：與參與者建立和諧關係。

- 閒話家常，讓談話更加簡單。

2. 開場白（五分鐘）

目標：交流將要訪談的流程內容，讓參與者放鬆下來。

- 解釋訪談的時間、參與者的期許，徵求錄音錄影或拍照的許可。

3. 瞭解參與者（二十五分鐘）

目標：瞭解參與者的個人背景、價值觀和目的。提出個人的描述性問題，例如：

- 「簡單説一下你自己」、「聊一下你的生活」
- 「説一下你成長的經歷」、「讓你記憶深刻的有哪些事情？」、「你是如何成長為今天的樣子？」
- 「你最好的朋友會如何評價你？哪些評價對你最重要？」
- 「就你個人而言，生活中最重要的事情是什麼？」
- 「你的生活哲學或人生信念是什麼？」
- 「給你五年的時間，你願意在哪裡生活？」

4. 詢問描述性問題（五十分鐘）

目標：透過描述性提問，理解特定情境下的文化和行為。

- 從宏觀描述性問題開始。例如，「告訴我你做了什麼／你是如何做的？」
- 用微觀問題探索具體主題。例如，「詳細講一講你做的事情以及如何做到的」。
- 提出具體的體驗性問題。例如，「講講你的一次愉快／糟糕的商場購物經歷」。
- 使用結構化和對比性問題做進一步的澄清。例如，「你是如何對這些產品分類和命名每個類別的？」、「各類產品之間的區別是什麼？」

5. 引導性問題（九十分鐘）

目標：透過引導式的描述性問題，觀察特定場景下的文化和行為。

- 在訪談中的恰當時間點提出引導式描述性問題，對相關場景進行觀察和提問。例如，「讓我看一下你的汽車吧」、「你都在什麼地方存放食物？」、「你是如何安裝路由器的？」。
- 這一部分觀察的時間可能更長。例如，和參與者一同駕駛汽車，觀察廚房的櫥櫃、冰箱或食譜，觀察口腔護理的過程。
- 如果觀察不到某一體驗或情境（例如家庭假期生活），那麼可以透過視覺化或隱喻的方式刺激參與者的反應。

6. 結束階段（十分鐘）

目標：結束訪談。

- 這一階段可以這樣提問：「還有其他想要告訴我的嗎？」
- 感謝參與者，讓他們知道如何支付他們報酬，然後告別。

中，客戶要對可樂品牌的包裝進行重新設計，為此我們與消費者一起走進商店購買產品（兩公升的寶特瓶裝），陪他們一起回家觀察他們如何存放產品，如何在用餐或聚會時飲用並扔掉瓶子。我們觀察到幾個問題，要在餐架或冰箱中存放產品比較困難，瓶子裝滿時不方便倒出等。這些發現最終促使客戶對瓶子進行重新設計。我們還基於不同場合的使用情況，開發一套不同產品的包裝尺寸分類方法，在創新課程中提供給行銷和包裝團隊討論，使他們可以設計新的產品尺寸和多種外形包裝。

針對一段時間內的用戶行為進行觀察非常有用。IDEO公司（全球知名設計公司）舉出美國州立農業保險公司的例子。為了提供千禧世代更好的服務，這家公司在林肯公園開了一家咖啡廳，邀請芝加哥地區的千禧世代們品嚐咖啡，並提供免費諮詢服務，讓公司可以瞭解這一族群對保險服務的認知和消費情況。

用戶體驗研究（User Experience Research）是用戶研究的一個子領域，涉及用戶觀察、體驗回饋和網站設計的使用測試等。

記錄民族誌研究的過程

對研究過程進行常規記錄是民族誌研究的核心任務。在分析過程中，商業民族誌訪談的原始文本、現場記錄、照片和影片都非常重要。

- 原始文本。這是在訪談結束後，由保存消費者原始語言的數位錄音保存轉化而來。這非常重要，因為以書面記錄我們自己的認知和語言等內容時，往往會過濾掉一些東西，會與原汁原味的語言產生些許偏差。
- 現場記錄。由研究者在訪談過程中手寫記錄而成，包括觀察到的身體語言、行為、場景，以及其他一些錄音機或攝影機捕捉不到的細節。在與參與者接觸的過程中會發生很多連結，通常我會在訪談時用自己的電腦記錄下這些內容。在訪談中原封不動地記錄細節非常困難，也會讓參與者感到不適，所以我一般會記錄最重要的部分，在訪談結束後，迅速去聽錄音或看影片，由此來擴展和補充自己的記錄，並與團隊成員分享這些內容。
- 照片。這是記錄訪談的重要方式，因此盡可能多拍照。如果內容敏感（像某位女士穿牛仔褲時腰部的贅肉），就會多次徵求對方同意。列出每次訪談時需要獲取的照片清單是非常有用的，可以在不同參與者之間進行橫向比較。我們總是為車主和他的愛車合影拍照，透過車主的姿勢就可以發現他與車之間的親密程度。在越野皮卡車前，男士們堅定地站在車子格柵前，交叉雙手，臉上露出自信笑容；在運動跑車前，男士們擺出各種姿勢，一隻手悠閒地放在引擎蓋上；在小型轎車前，男士們總是想縮到背景裡，不被人發現。透過這種方式就可以發現其中的奧祕。

有些研究者建議在社群媒體上分享民族誌的現場記錄，認為這可以讓參與者更投入參與到研究中。在針對千禧世代進行的一項休閒餐飲調查中，我們向所有參與者開放了個人的數位日記，發現這個族群都很喜歡評論其他人的用餐場所。然而，這在本質上具有社交性。如果開放的是每個人用餐時的痛苦經歷，就不會得到相同的結果，因為痛苦是更具個性化的體驗，消費者分享的意願也不高。

民族誌的新形態

網路的盛行，尤其是各種行動技術的發展，導致新的社交行為和方式出現，使消費者與品牌的聯繫更加緊密。這些技術也為民族誌的研究提供了新方向，民族誌出現了新形式，例如網路民族誌、社群媒體民族誌和數位化民族誌。

(1)**網路民族誌**。這個術語最早由羅伯特．庫茲特（Robert V. Kozinets）提出，指的是使用網路來進行民族誌的研究，可以讓研究者以同理心方式沉浸到消費者的網路對話中。研究者獲准進入網路社群，一如民族誌工作者進入一個地理文化環境中。網路社群可以是品牌社群（品牌的臉書粉絲社團或是品牌贊助的論壇，如戴爾世界），或是獨立的用戶社群（如針對父母的育兒交流社團，像是英國網站Mumsnet）。研究者以真誠尊重的方式，公開自己的身分和目的，從而獲准進入社群，這一點非常重要，這很像民族誌研究者親自去接觸和對待參與者。網路民族誌已經被證明兼具創造性和高效性，通常具有三個顯著的特點。

第一，透過品牌社群獲取用戶的具體反饋。

第二，合力共同創造新的產品設計、風格或名字。

第三，透過圍繞某一個主題，例如魅力，深入參與到社群之中，發掘潛在的需求。

然而，我的公司ModelPeople所做的一項研究發現，與親力親為的民族誌研究方式相比，網路民族誌的研究方法也存在缺點，主要包括以下幾點。

第一，在網路社群中，一般都是表達積極的內容（除非用戶完全匿名），而親自實地研究則是觀察和徵詢消極的內容。

第二，在網路社群中的表達方式都是事先設定好的，在親自實地研究中，研究者和參與者能建立融洽的關係，獲得更加真實的回饋。

第三，在網路社群中，問題的回饋會受到控制或受限制，由於網路上的關係稀薄，很難收集到參與者的細節感受。

第四，由於無法觀察到參與者聲音的抑揚頓挫或身體語言，因此對問題的回饋會存在誤解。

(2)**社群媒體民族誌**。這是一個快速發展的領域，受到學術界的推動，其定義和實踐仍在擴展中。它根據的是消費者的滿意度，也就是消費者為自己在網路上設置的身分，透過社群媒體進行討論互動，進行線上網路分析，描繪出最具影響力的用戶形象。在實際操作中，公司使用企業的社群媒體監控和服務來追蹤消費者的態度（積極和消極）。另外，一些諸如社會化社群媒體的搜尋引擎（Social Mention）等公開化工具，也可以為獨立研究者所用。

(3) **數位化民族誌**。「網路」、「社群媒體」、「數位化」，三者多少會存在一些語言學上的混淆。一些學者認為「數位化民族誌」關注的是：建立在網路上的新興文化，兼具量化（例如網路分析）和定性（例如消費者態度分析）技術。「數位化民族誌」的這個定義看起來涵蓋了社群媒體民族誌和網路民族誌，但並沒有超越「線上」民族誌，後者是指獲取「線下」民族誌在線上數據的一種方法。在實踐中，對於使用線上平台獲取消費者民族誌數據，從業者會同時使用「數位化」、「虛擬」和「線上」民族誌這三種詞彙。但何種詞彙能夠脫穎而出，還有待觀察。

對消費者進行深度訪談

消費者深度訪談是研究者與個體消費者之間的非正式單獨談話，目的是發現消費者內心或無意識持有的信念、態度、認知、動機和行為。因此，當某些主題會引發複雜情緒、需要深度探索時，如關於身體保健問題，這種深度訪談就非常有效果。深度訪談也是商業或專業沉浸式研究領域中非常重要的一種方法，因為它能滿足保密性要求。

深度訪談經常發生在某一個集中區域，例如一家研究機構，而不是某個場景環境中，因為這種民族誌訪談一般需要一至兩個小時。不過，如果參與者距離遙

表5-2　民族誌研究清單

- 設計民族誌訪談的目的，是透過文化呈現在相關情境下（如家中）的消費者行為和態度。
- 至少需要四至八週時間去設計、計畫和執行。
- 總結現有的所有數據來源，進行初步的符號學或趨勢分析，理解研究的相關背景。
- 基於現有數據分析，對相關研究問題建立假設，幫助研究的參與者更快熟悉相關規則和場景。
- 透過考慮相關情境，創造性地設計與消費者接觸的方式和地點。
- 確保招募者清楚知道：我們希望他在觀察中做哪些事情，避免出現不愉快的「驚喜」。
- 建立縱向要素，包括事前和事後工作：事前選擇最佳的參與者和情境；事後進行更詳盡的觀察。
- 撰寫半結構化方案，但不能過度操控參與者；鼓勵參與者自然地表現，從而使觀察可以順暢進行。
- 事先取得參與者的同意後，使用照片或影片記錄訪談內容（詳見第八章）。藉由為每位參與者拍攝相同類型的照片，在對比後往往會有新發現。
- 必須要做現場記錄。用筆記錄下觀察到的參與者和情境狀況。用參與者個性化的語言，原汁原味地記錄訪談內容。一次訪談結束後，要儘快完成記錄工作，並分享給團隊。

遠，只能進行遠程訪談。例如，作為設計研究的一部分，我們決定採訪專家，一般會透過電話或Skype（網路電話）進行。還會租賃一些平台，透過線上攝影記錄訪談內容。在一般的民族誌訪談中，觀察者人數有限，而在這類訪談裡，觀察者都可以看到相同的訪談。例如，透過研究機構的玻璃窗或是Skype群組電話功能。

因為這種訪談並不是在情境環境下進行，所以必須弄清楚參與者和研究主題的相關背景。在訪談開始前，可以進行一次線上的事先聯繫，確保討論內容與場景維持相關性。在一個預算有限的專案中，我們與體型肥胖的年輕女孩進行深度訪談，請她們在我們的網路平台上傳一些身穿最喜歡的衣服時與朋友的合影照片，以便我們觀察和分析她們購物時的情緒，以及穿著大號服裝與纖瘦朋友合影時的感受。

深度訪談可以成為縱向研究的一部分。例如，與更年期女性進行深度訪談，瞭解進入更年期後的感受。她們在試用一種可以減緩更年期身體症狀的補充劑，每週記錄下身體反應，然後透過網路傳送給我們。最後，我們將這些女性召集來做一次小組討論，讓大家交流自己的體驗，探討對產品的包裝意見。

與一般的民族誌訪談相比，因為訪談場景是已知的，所以深度訪談可以更加結構化，不必去探討或面對任何超出預期的環境。不過，在探討主題時需要賦予足夠的時間，確保訪談有足夠的「深度」。訪談也需要運用許多沉浸式研究工具（如隱喻和視覺化），來幫助參與者以非口頭方式傳遞難以表達的觀點，揭露其無意識的精神狀態。標準化的圖片和文字也可用於結構化的深度訪談，來對比不同參與者的數據。

訪談者的目標是「主導一次豐富、深度又具備差異性的對話」，能讓參與者在其中感受到支持，自由地表達個人情緒。在我的經驗中，最常遇到的是深度訪談結束後，參與者向我表達感謝，告訴我「太有趣了！」或是「以前從來沒有人像這樣傾聽我說話」。為了做到這一點，訪談者必須與參與者建立融洽的關係，在整個訪談過程中保持互信和尊重。有幾種方式可以實現這一點。

- 訪談開始時，讓參與者坐在有扶把的椅子上，面對著訪談者，但不能直接面對面；如果坐在桌子旁，椅子的擺放要有一定的角度（不能是面對面），避免給人一種正式採訪的印象，或是讓非正式的訪談變得沉悶無比。
- 和參與者保持眼神交流，但要保持適度的空間，讓對方感到舒適。
- 訪談者要多聽少說，沉默可以鼓勵參與者多說多講。身體語言和臉部表情是不用語言溝通就能表現出我們在傾聽的最佳證明。

● 訪談者應當使用「反應式聆聽」（Reflective Listening）。心理學家卡爾・羅傑斯（Carl Rogers）稱此為「準確同理心」（Accurate Empathy）。要點是訪談者根據自己的理解對參與者的敘述進行及時回饋，幫助參與者更加深入探索自己的體驗和認知。人們經常會詞不達意，「話裡有話」，因此，訪談者必須對聽到的話語繼續解碼（類似「猜謎語」）。

● 訪談者回饋時不能採用問題方式，而是應當要用「陳述」的，這是因為提問會讓參與者質疑自己所說的話，因而變得謹慎。「陳述」具中立性，這可以鼓勵對方更加真誠地評價自己的行為。

下面是運用解碼式敘述進行「反應式聆聽」的例子，這來自於一項研究，試圖找出病人總是超量服用非處方止痛藥的原因，藉由透過安全的溝通交流，找到能採用的「合理化」方式。

參與者：「我是按照推薦劑量服藥的。」

研究者：「你按照說明書上註明的推薦劑量服藥。」

參與者：「我想我並不是每次都會看說明書。我不確定，或許我現在才知道。」
研究者：「你剛剛才明白多大劑量的藥適合你。」
參與者：「的確是這樣！我體重比較重，需要加大劑量。」

如上所示，在我的經驗中，「反應式聆聽」能推動訪談向前進展。可以在訪談過程中隨時進行細微調整，讓我和參與者都能更佳理解彼此的話，進行更深入的交談。我還會不時地說：「請告訴我，我是不是理解錯了。」以此來確認一切順利，並及時進行校正以便繼續訪談。

心理學家威廉．米勒（William Miller）和史蒂芬．羅尼克（Stephen Rollnick）推薦其他訪談方法。我發現非常有用，我把它總結如下。

- 提出開放式問題，讓對方給出長答案，因為封閉式問題只需要簡短或用「是／不是」進行回答。例如，「和我說說你的日常飲食」會比「你每天吃幾次蔬菜」得到更長的答案。
- 肯定或鼓勵參與者將談話繼續下去。例如，「感謝你如此棒的描述」或「你提供的訊息非常有用，我們還可以繼續討論一些其他的問題」。

- 時不時地給予參與者反饋。
- 總結參與者所說的話，確認自己已經理解其中涵義，或是問：「還有其他方面我們沒有提到的嗎？」總結也是一種鼓勵的方式，表示了訪談者有認真傾聽。

配對訪談

另外，配對訪談也是深度訪談的一種，它是指將相互陌生的參與者兩兩配對進行談話。操作時可以根據人口統計學和其他篩選標準進行相似配對，或是選擇類型相反的兩個人。如果是配對，我們希望在談話中兩人能表現出一定的一致性；如果是表現不同，則希望能在談話中產生意見的「衝突」。

與單獨訪談相比，配對訪談的有效性較低。這是因為兩個參與者之間會互相約束，而訪談者與單個參與者建立融洽關係時，就不存在這個問題。其中一個例外是友情配對，即參與者之間相互熟識。兩個人彼此了解對方的習慣，這種類型的配對可以透過交談討論發現更多的洞察和認知。例如，我們進行一項關於電腦遊戲年輕玩家的研究，招募了幾對互相認識並一起玩遊戲的女孩。從理解遊戲社交動機的角度觀察，這種配對訪談比傳統的一對一訪談更加豐富有效。在這項研究中，我們還採用了「父母—孩子」的配對方式，觀察父母是如何管理孩子玩遊戲，以及父母允許孩子購買哪些遊戲。這些訪談既反應衝突又能發現一致性。

小組討論

消費者小組討論（通常稱為焦點小組），並不適用於民族誌深度訪談這種沉浸式研究方式，無論是現場小組討論，還是網路線上討論都是如此。原因如下。

- 同時與四到八人展開非正式談話非

表5-3　深度訪談研究清單

- 消費者深度訪談是研究者與單個參與者之間的非正式談話，目的是發掘深層持有的無意識信念、態度、認知、動機和行為。
- 配對訪談是將陌生的參與者兩兩配對進行的深度訪談。
- 友情配對訪談是指對於某一研究主題，參與者們互相熟悉對方的態度和行為，透過這樣的訪談來探索更多的訊息，在一對一訪談中無法實現此目的。
- 計畫和執行一次深度訪談需要三到四週。
- 提前做好功課，將場景引入訪談中。
- 使用半結構化的研究方法，可以讓談話更加自然流暢地進行。
- 使用隱喻等沉浸式研究工具，可以幫助參與者以非口頭或視覺化方式表現難以表達的想法，發現無意識的思想動機。
- 使用標準化的圖片或文字，探索訪談中的普遍性特點。
- 最重要的一點是，與參與者建立互信，開誠布公地談話。

常困難，無法達到單獨訪談時訊息交流的深度。

- 小組討論中對於社交期許的偏差更加明顯。參與者表達自己行為和意見時，社群的接受度與其內心期望並不完全一致。
- 記憶的有限性。很多人並不太注意平常的消費動作，例如在購買日常家用物品，他們記不住自己的行為或決策過程。這也是「某一時刻」民族誌研究之所以有用的原因。
- 限制自我行為會讓參與者的表現缺乏真實或連續性。

但是，小組討論也有優點：

- 小規模小組的成員少，能減少社交期許的偏差，例如性別、收入和行為的配對等。在一些敏感話題上，像是衛生保健方面，會較廣泛使用這種方法。
- 線上訪談前的練習可以採用小組方式進行。儘管像我們看到的那樣，在網路社群層面上，不同種類的偏差總會出現，但參與者往往更加希望在網路上以「私密的」方式分享個人感受。像是第一章的家庭網路案例研究中，提前展開練習就能有助於認識研究場景。在真正進行小組討論前，請焦點小組成員購買商品，並使用行動攝影器材記錄整個過程，不僅可以提供更加有用的洞察，還可以減少記憶有限性所帶來的不足。

- 秘密執行：向小組成員分享之前，用文字記錄下小組成員針對具體問題或行銷刺激的態度。
- 使用間接的研究技巧，而不是直接提問，例如：

——表達技術，讓參與者使用圖片或實物幫助表達一些敏感內容（例如，使用一張打結的繩子圖片，可以幫助參與者表達自己的情緒，避免在小組成員面前感到尷尬）。

——以敘述方式講故事，讓參與者自然講述自己的事情，不必消極被動限制他們的行為。（例如，可以這樣提問：「介紹一下，你是如何經常購買這個品牌的產品？」避免這樣的提問：「為什麼你一週內購買兩次這個品牌的產品？」）

——以投射方式講故事，讓參與者想像另一位（相似的）購物者的反應（例如，「告訴我有哪些人會買這個品牌」），透過想像中的購物者，就可以投射出參與者無意識的認知。

- 運用「反應式聆聽」（在小組討論中使用難度較大，因為很難同時記住多人的反應）。在小組討論的早期階段，我會詳細記錄每個參與者的表現（如購物習慣）；隨後在小組討論中，我會經常（使用間接技巧）提問，看看與之前參與者自己的陳述是否一致，然後對之前的印象進行調整。有時，我會得到一個紅著臉的聳肩或是困惑的搖頭。更經常的情況是，參與者給我很多有用的細節，告訴我他們如此感受的原因，或是確認他們最初的反應是正確（或錯誤）的。

儘管小組討論存在著不足，但在支援行銷策略發展方面它仍然廣受歡迎。原因是因為這是一種快速有效的方法，可以針對某項主題獲得廣泛的洞察。而且，策略團隊可以在早期就把焦點小組作為一個團隊來進行觀察，透過疊代的方式整合內隱知識，這對於共享性策略學習是絕對有必要的。

如果僅有兩人對一項具體的民族誌訪談進行觀察，就很難將學習整合起來。我猜測這可以解釋為什麼線上焦點小組的方式使用率相對較低，因為成本明顯高於現場小組討論。我一天可以進行五個小組討論，能觸及到最多五十名消費者，這可以圍繞在一項行銷問題，並快速達成一致意見。進行單獨訪談樣本的觀察需要花費更長的時間

（我們並沒有直接將這些方法與小組討論進行對比，因為兩者目標不同）。現在，一般需要二到三天來進行小組討論，之後策略團隊再花一到兩天做總結，從而確保整個策略研發過程能快速進行。對研究人員而言，這會增加他們分析工作的壓力，並且需要花費他們整夜的時間去整理記錄，與現場工作團隊一起歸納發現的洞察。

根據我的經驗，當用於研究深度化主題時，包括文化情境和無意識情緒認知，小組研究效率最高。我的公司ModelPeople經常使用擴大化（三到四小時）創意研討會的形式，每次有八到十二名參與者參加。設計這種工作坊時要將社交期許偏差最小化，讓參與者盡可能表現出無意識的反應，同時最大化地表達社交和文化情境。小組討論會綜合運用多種沉浸式研究工具來引導參與者的無意識反應，同時透過使用抽象化的方式表達認知，從而激發參與者的創造性思維，而這些認知正是根植於參與者本人的文化以及記憶中的情感認知。每一次操作會持續三十到四十分鐘，這會推動參與者不斷地前進和期待下一個任務，進而讓他們總是保持高度活力。

為了減少認知偏差，在開始小組討論之前，參與者應當保持單獨或配對的形式。「創意研討會」可以用於基礎性的研究，能在短時間內盡可能獲得大量的消費者想法、感受和行為。這種方式也同樣適用於創新性研究，因為表達性技術可以讓我們理解符號學，探索對新概念的無意識反應。

案例 手工食品(一)：創意研討會

一家食品服務公司希望獲得基礎性的深度洞察，瞭解千禧世代消費者對手工食品的喜好，以此作為產品和品牌創新的基礎。

Etsy是第一家推廣手工藝品的網路商店平台，已經成為千禧世代消費者的首選。當下的美國零售商家，從全食超市到諾德斯特龍百貨（Nordstrom），一般都會上架一些當地的手工產品，這代表了品牌從大規模生產到個性化選擇這一重大文化的轉變。策略團隊（行銷和洞察經理）掌握的現有數據和內隱知識顯示，千禧世代的目標消費者一週至少在外用餐五次，他們正在遠離快速休閒餐廳，轉而帶著明確的目的去尋找那些有營養豐富的食物、帶有人性和真摯情感的地方消費。對「手工」的認同已經成為千禧世代選擇餐飲品牌最顯著的標誌。

我們第一步就是展開一次三小時的創意研討會，瞭解「手工」的範疇。在此之前，一些參與者完成了一個線上「符號對立」的練習，創作一幅自己心目中的「手工食物」印象拼圖，分別列出哪些屬於手工食物，哪些不是。在創意研討會開始之初，也會提出同樣的問題，讓他們提出新的產品理念，並為此設定標準。隨後，參與者們兩人一組，對卡片上的新產品理念進行分類和優先排序，然後（使用文字和圖片組合方式）共同提出他們最喜歡的理念。品牌設計公司會歸納和豐富這些理念，然後設計產品的外觀（Look-Feel）。隨後會建立迷你焦點小組進行討論，並在量化測試之前進一步修改這些品牌理念。

專家組

專家組是消費者小組的形式之一。專家組在一個房間中觀察消費者小組的表現，並可以隨時提問。對這些工作時間緊張的專家而言，這種集中化的形式效率更高，更重要的是可以將利益相關者的意見做整理和系統化。

下面的案例研究展現兩種不同的方式。在非介入方式中，專家觀察消費者小組的進展情況，在小組任務完成後，立即整理且總結出結果；在介入方式中，首先會綜合策略團隊的意見，以此作為消費者小組的腳本，從而使專家組對意見形成一致觀點。

案例 設計專家組的兩種方式

1. 非介入方式：以整合意見為目的

我們的客戶是一家進口汽車品牌公司，希望針對來自兩大國外市場（負責設計和銷售）的中階經理進行一次沉浸式研究，可以讓他們對美國的消費者盡可能地提出自己想要問的問題。我們招募八位年輕且有意購買運動跑車的參與者，在開始一整天沉浸研究之前，讓他們完成一些線上調查，揭露他們的生活風格及偏好。

在洛杉磯的建築與設計博物館（Architecture & Design Museum）大廳，二十位專家人士作為觀眾，觀察整個小組的運行過程。八位消費者討論了他們的生活風格及偏好會影響自己選擇汽車產品，並回答產品設計團隊提出的關於未來設計理念的相關問題。然後，專家組分成幾個小團隊，陪同參與者個人進行試駕。最後，專家組討論他們的所見所聞，並對一天的收穫內容進行總結。這些意見對客戶設計未來在美國市場銷售的新款運動跑車很有幫助。

2. 介入方式：以系統化意見為目的

客戶是一家時尚銷售商，他們希望公司的設計和銷售經理能聽取消費者傳達出關於核心行銷策略的聲音。因此，我們在消費者提出意見之前，對活動進行設計。

首先，我們觀察商場內的購物環境，並在商店內的房間進行訪談。策略團隊花了一天時間提煉出他們認為管理層應當聽到的重要知識和洞察。其次，我們邀請一些女士來到酒店套房裡享用下午茶。在四天的討論中，讓這些女性參與者每天花一小時討論重點問題。當天，我們會重述這些問題，然後讓女士們說出她們的購物經歷，告訴我們為什麼她們會選擇這些商品。最後，這些管理階層與這些女性顧客喝下午茶，進行一次非正式的談話，聽取管理層想要的內容。收集的意見將用於幫助客戶開展新的銷售和產品策略。

網路社群

網路社群，又稱線上研究社群，已經成為一種廣泛運用的沉浸式研究工具。網路社群透過對一定時間範圍內的消費者進行樣本篩選，可以針對行銷問題提供長期性的回饋意見。許多機構從新包裝的快速測試到共同研發新產品，都會用到網路社群。

案例 手工食品(二)：網路社群

在這一案例研究的第一部分，我們透過創意研討會形成了新的產品理念。因此，策略團隊決定他們要進一步研究產品定位的架構。我的公司ModelPeople將創意研討會和迷你焦點小組的參與者重新招募到網路社群中，進行為期十二個月的研究，期間進行了許多調查項目。例如，線上民族誌研究，以瞭解千禧世代對特殊定位的手工食品品牌的黏著度。

表5-4　網路社群的優點和缺點

優點	缺點
靈活性較強	為了保證回饋品質和回覆率，需要不停地更新參與者
回饋收集較為快速	為了留在社群，參與者會只提供積極的答案，造成認知偏差
可長期追蹤	對情緒反應的深度探索有限
方便對參與者進行分類，與執行一個新專案相比，效率更高	對場景觀察深度有限

基於研發理念，我們還收集了一系列的回饋：食譜和口感喜好；產品定位要素：例如，性格、價值觀、情緒和自我表達以及背後的故事，從而幫助完成產品包裝設計和宣傳。

使用相同參與者的好處在於，他們已經深入參與過產品開發的每個方面，因此最有發言權。此外，由於我們已經對這些參與者有所瞭解，因此可以更深入地理解消費者對產品理念回饋中的好與壞。經過量化測試，透過長期網路社群研究，最終形成詳細的產品理念樣本。

章節核心要點

1.「策略學習之旅」的核心

「策略學習之旅」涵蓋所有可以獲取數據的形式，但其核心是沉浸式的消費者學習，可以深度理解消費者，瞭解特定產品如何融入消費者的生活。

2. 沉浸式研究方法

- （商業領域的）民族誌研究，包括用戶研究、線上民族誌和數位化民族誌。
- 深度訪談。
- 焦點小組、創意研討會和專家組。
- 網路社群。

第6章

沉浸式研究工具與技術

- 說明管理沉浸式研究的詳細指導原則。
- 介紹如何起草沉浸式研究方法和討論指南。
- 介紹如何使用相關技術去發掘消費者的想法、感受和行為背後無意識的情感與文化驅動因素。
- 透過案例研究，介紹在制訂行銷策略的過程中，如何以跨學科方式綜合運用沉浸式研究方法及工具。

開篇案例：如何管理一個跨文化沉浸式研究

「行走就像是日出，」娜米向我們展示一張她選擇的圖片，上面一輪旭日從蔚藍的海面冉冉升起，「除了海洋和天空，沒有任何其他東西。行走代表『內在的我』感到放鬆、自由，可以治癒我的思想和精神。我可以按照自己的節奏行走，可以隨意控制速度，去自己想去的任何地方。」

當娜米說這些話時，我們正坐在東京橫濱港附近的一間咖啡廳。這位三十四歲的母親每週在當地公園步行兩次，這讓她可以從狹小的公寓和照顧女兒的忙碌中暫時解脫出來，可以重新獲得自我關注感和自我控制——我們透過「隱喻誘引」和「深度視覺化」的方法瞭解到這一點。根據客戶請求，我們正在美國、歐洲和亞洲進行一項關於「行走」的基礎研究。這家全球運動品牌希望針對健走服裝和鞋類制訂行銷策略。

我們計畫展開一個以「行走」為主題的專案，但有鑒於這項運動太大眾化，從設計到規劃的複雜程度出乎我們預料。我們遇到的第一個挑戰是確定實施的範圍和方法，就範圍而言（決定在什麼情境下，與哪些人談話），數據顯示人們購買鞋子時，首要考慮的因素是舒適。例如，護士或餐廳服務生，這些需要長時間站立的人更需要有鞋墊的鞋子。行走的程度因地點和強度而不同，包括越野健走、城市步行以及僅僅是日常的走路！這會讓篩選的標準顯得異常複雜。

德國和日本的消費者對不同的行走方式有不同的詞彙表達，例如徒步、健步走、越野健走和散步，所以我們在篩選時必須反應出這些區別。顯然，在不同的地域文化中，存在著複雜的語言分類，我們必須理解這一點。因此，我們決定選擇一種將觀察與民族誌訪談相結合的混合研究方法。在準備階段還會使用「隱喻誘引」，請訪談對象記錄他們兩週內的步行情況，並且選擇最能表達他們對步行涵義的圖片。在訪談中，我們使用了深度視覺化的方法，來發現與行走有關（積極和消極）、無意識的情緒。

在這三個主要市場的研究過程中，許多消費者分享了與娜米相似的情緒——行走的過程是他們對「自我時間」的熱愛。同時，他們都認為行走不是一項意義嚴格的運動，因為每個人都可以做到。行走，缺少真正運動項目所帶來的榮耀感。「走路很棒，但更多時候它是一種精神運動，而非身體鍛鍊。」來自芝加哥的托德說，「對我來說，走路是外出尋求平衡的一種方式。說到運動，在體育館鍛鍊更重要，我可以充分釋放自己的熱情。如果只是走走路，我仍然會感到無精打采。」

使用不同的語言表達方式來表達「行走」，可以初步解答這一困惑。在德國和日本，英語的「行走」（walking）用來替代德語的「gehen」和日語的「さんぽ，讀sanpo」，也就是「步行」的意思，這清楚表示行走是為了健康。在這幾個國家中，英語的「walking」往往用來形容一些包含更多技術的內容，例如，來自日本東京的馬勒說：「我走路很慢，我認為自己只是在走路，不是在健步走（walking）。我身邊的人走路都很快，他們會擺動胳膊，那才是真正的健步走，與我走路是兩碼子事。」

談到健步走時，一些消費者會尷尬，他們的目標是跑而非走。來自德國漢堡的卡特琳說：「我知道女士們會在公園慢跑，她可不希望鄰居們以為她是在健走。」

不過，有一部分人對健步走引以為豪，他們不願意跑步，因為跑步會讓他們無法享受「自我時間」。來自美國芝加哥的吉姆說：「跑步太難了，需要保持呼吸節奏，太無趣了。我更加重視自己的身體反應，（跑步時）我無法清空自己的大腦，無法思考正在想的事情。」

透過對每個國家符號學的研究，跑步和其他健康運動相比，「行走」是非常中性的。研究顯示，中年夫婦最喜歡散步。此外，在鞋店中，「健步」商品經常是矯正鞋居多，這更強化了「行走不是運動」的觀念。觀察發現，穿著專用的鞋子和衣服，使用強度測試裝備如計步器等，對消費者非常重要，這可以讓他們將「健步走」與「散步」做出區別。不過，大部分消費者可能根本沒有意識到，還有專用的健步走鞋子和服飾，所以這會讓他們失去選擇時尚裝備的機會。

當我們整理這三個國家主要市場的異同之後，策略團隊將成果提供給了由產品設計和行銷經理組成的團隊，進行一次半天的活化研討會，對產品定位和行銷策略進行深入討論。

章引言

在第五章探討過如何選擇和運用沉浸式研究方法，即在相關情境中觀察和分析消費者的行為、經歷、深層秉持的理念、情感以及認知，建立一種對目標消費者或客戶進行深度理解的研究方法和工具。在第六章，將以第五章為基礎，講解如何「管理一個沉浸式研究」，找到一些方法和工具。隨後，闡釋如何使用高效的沉浸式研究工具，如深度視覺化、隱喻誘引等，去設計研究方案，發掘消費者行為背後無意識的品牌認知和動機。在第六章結尾，讀者將會學到一些技巧和方法，幫助設計和執行「同理心策略過程」的第一階段。

沉浸式研究管理

研究管理是指，在計畫的預算和時間內管理研究的過程，確保能獲得成功的效果。一旦開啟「學習之旅」，就需要確定目標和全部路徑，選擇具體的方法，必須制訂詳細的項目計畫。研究管理的主要步驟包括以下幾點。

(1)確定樣本規模、篩選標準和研究地點。
(2)確定預算、制訂項目計畫和時間表。
(3)設計招募篩選程序。
(4)管理招募和項目工作。

確定樣本規模、篩選標準和研究地點

1. 確定樣本規模

樣本規模指的是研究所包含的參與者數量。在量化研究中，樣本規模可以根據研究的保密程度推估出來；在定性研究中，樣本規模更多依賴現實指標，如預算、參與者類型（子樣本）等在學術環境中，可以使用飽和度（Saturation）的方式，即研究者在接收不到新訊息時，可以停止研究，但這種方法在商業環境中並不適用，因為我們需要根據預算和時間等原因，按照事先確定的樣本規模進行招募工作。

一般的方法首先是根據研究的範圍，決定有多少不同類型的子樣本，然後據此確定樣本規模。這裡就會出現預算限制問題，因為在定性研究中，樣本規模對項目成本影響巨大。我更傾向於定性研究，確保我們可以找到最合適的人選。如同在第五章介紹的，這種方法招募的參與者數量要多於實際需要訪談的人數，然後透過線上定性內容來進行事先訪談，選擇最有洞察力和參與感的那些人。在執行時，對於一項單獨的研究，一般的規模是需要十到二十五次的個人訪談，和四到十二次的小組訪談。

2. 確定篩選標準

篩選標準是用來選擇研究中包含的不同子樣本的變數。我們已經在第四章講過，這一決定是基於策略學習的目標做出的。一般的篩選標準如表6-1所示。

在定性項目中，如果樣本規模較小，篩選標準就不要太過僵化，否則很難找到合適的招募對象。如果要找的是年齡三十歲左右，家庭收入在五萬到七萬美元，喜歡在沃爾瑪購買金寶湯罐頭（Campbell），有孩子的白種人婦女；這樣的條件會讓招募工作費時和費錢。最好的方法是設定一個廣泛的篩選標準，然後尋找能符合這些標準的最優人選。例如，二十五到三十九歲，家庭收入超過五萬美元，在大型超市購買罐頭產品（金寶湯、浦氏Progresso、亨氏Heinz等品牌）的女性。

表6-1　一般篩選標準

- 人口統計資料。例如，性別、年齡、個人，或家庭收入、宗教信仰、教育程度、社交以及工作狀況。
- 在一個具體的時間內，購買、使用或是意圖購買某種產品。一般也包括拒絕使用者，就是那些說他們從來不會購買某種產品的人。
- 購買習慣。例如經常購買產品的通路管道。
- 態度。像是對某一產品或品牌持積極或消極的態度。

3. 確定研究地點

地點是研究最後需要做出的決定，它往往基於產品的關鍵或潛在市場位於哪裡。綜合考慮地理文化、氣候、歷史品牌影響力以及其他變數，例如銷售管道、儲存方式等，進而選擇幾個市場。不過，其他因素也會左右地點的選擇，尤其是在制訂創新策略時更是如此。

在大多數市場中，都會有幾個具影響力的大城市，這些地方是潮流的發源地，對於設計創新，尤其是受潮流驅動的產品，例如時尚商品、酒類或汽車等，影響較大。像是在美國，我們一般會在紐約（尤其是曼哈頓）和洛杉磯（尤其是好萊塢）展開此類研究，但其他城市在某些方面也會產生影響力（例如，舊金山對科技的影響，奧斯丁對音樂的影響等）。如果在一個不熟悉的市場進行研究工作，就需要從當地員工那裡獲取建議，從而選擇合適的參與者進行研究。

確定預算、制訂項目計畫和時間表

一旦決定篩選標準和地點，就要開始進行預算工作。招募方法的選擇是一個關鍵因素。企業可能有很多顧客或消費者可供選擇，但一般會讓當地的招募專員進行招募工作，因為他們掌握招募前期的數據資料，會選擇已經與他們建立信任關係的消費者，比起一無所知的消費者可以更迅速展開研究。在一些國家，例如俄羅斯和印度，當地的招募機構對民族誌研究的招募比較陌生，一般是透過個人網路進行招募工作。例如，印度的高收入消費者一般不願意花時間接受訪談，除非是私交很好的朋友。

其他一些難以尋找的小眾消費者，也需要透過個人網路進行招募。例如，我的公司有一個全球性的網路平台，涵蓋全世界主要大城市的千禧世代，可以隨時招募到潮流的創造者、時尚的引領者。另外，考慮到參與者的流失率，一般需要多招募一〇%到二〇%的人。流失率要考慮最後一刻取消訪談安排的參與者，比較常見的情況是，當我們來到某個參與者的家門口準備開始訪談時，卻發現大門緊閉，顯然他已經忘記訪談或是改變主意了。

透過與招募人員進行溝通，可以確定招募費用、深度訪談或小組討論的地點租金，以及付給參與者的物質獎勵，這些都需要在預算中呈現出來。一旦選擇了合適的招聘人員，就必須制訂一個詳細的項目計畫，涵蓋所有的時間點，包括篩選、招募、預審、選擇和確定參與者花費的時間，以及設計研究方案和培訓研究人員的時間。通常需要四週，必要時也可以做適當的壓縮。

設計招募篩選程序

下一步就是確定篩選程序，使招募人員有所依據能選擇符合條件的消費者。由於需要進行討論，這一階段要花費幾天時間，先由策略團隊提出意見，然後由當地招募團隊進行補充完善。篩選程序通常是一份設計好的問題清單，可以在進行電話篩選時向潛在參與者進行提問。為了便於回答和分析，大部分都是封閉式問題。有時，還可能包含「類型工具」，可以對目標消費者所屬類型進行準確分類。此外，需要設置一兩個開放式問題，透過電話（不能透過郵件）進行口頭交流，確認招募工作的準確度，確保受訪者回饋的一致性。例如，「想想你上次購買口紅的情況，能詳細描述一下當時的購物經驗嗎？」

問題清單的順序和格式非常重要，具體要求如下：

- 邏輯性。例如，在提出品牌產品的具體使用問題前，先設定產品類型的問題。
- 清晰準確，不要誤導參與者。

- 隱藏，避免故意虛假的回饋。例如，將產品隱藏在一大堆選項中，警惕參與者總是用「是的」來回答。

當地的招募人員應當確認有用的篩選標準，以及有效的篩選程序，並提供確實可行的建議。

招募和項目工作

我們在第五章講過，在招募初期與參與者建立融洽的關係，是確保訪談成功的重要因素。在訪談中，與參與者建立信任、保持熱情，是非常重要的。要讓參與者清楚知道誰會主持訪談，並提供一份詳細的說明給他們，告訴他們訪談工作一定會遵循行銷調查工作的行為準則。儘量由某個固定的招募人員和參與者保持聯繫，如果參與者是女性，招募人員最好也是女性。

民族誌研究的成本和時間要求會更著重在篩選工作，有時會非常有必要利用電話對參與者進行快速和非正式的篩選，可以讓我們進一步瞭解參與者關注研究主題的能力。這種再篩選的過程是和參與者建立信任的好機會，也可以預測研究中可能發生的事情。要讓參與者提前瞭解研究內容、參與人數和性別，以及是否會錄影等情況。如果參與者對民族誌研究不熟悉，那麼現場進行研究的人員就無法很好地激發參與者的熱情，因此，提前和參與者溝通非常有必要。

在結束訪談後，記錄訪談問題與參與者回答的文本應該發送給招募者。招募者需要詳細檢查每個細節，以確認篩選標準的準確度。最後，一定要讓所有的團隊成員明白要在哪裡展開研究。如果不在所屬單位進行研究，那麼就要和參與者再次確認位置，詳細詢問路線、停車等具體問題。要把明確的時間和地點提供給研究人員，確保他們和參與者依時間匯合，而不會擦肩而過。

管理全球研究

在全球的主要市場中，上述招募參與者的各種條件都非常齊全。在一些較小的新興市場，需要和當地的服務供應商通力合作，從而確保參與者的品質，因為在一些案例中，我們發現招募費用和物質獎勵可能會鼓勵不誠實的篩選行為。有些全球化的市場擁有與其他市場不同的招募方法，所以必須保留足夠時間來適應這種環境。例如，在日本安排專業訪談時，我們必須尊重參與者的地位，讓他們選擇訪談時間，否則研究就很難進行下去；而在美國或歐洲，往往可以集中一天時間展開許多訪談工作。包括日本在內的許多市場，招募前期的準備時間太長，會讓人感到不舒服。此外，如果我們和招募者所屬時區相差太大，溝通交流的時間也會大大延長。如果在兩個以上的國家展開研究，就需要制訂項目計畫，預留出至少六週的時間。

沉浸式研究工具

在選定沉浸式研究方法和招募工作開始後，就需要設計研究方案，訪談者與消費者或客戶的交流互動都需要按照方案來進行。方案可以稱為「主持人指南」或「討論指南」。在這部分將會探討一些重要的工具，研究者可以使用這些工具探索消費者的認知、理念、態度和行為背後無意識的情緒和文化動機。這些工具在個體研究、小組研究、量化研究和定性研究中均可使用。

深度視覺化

在第二章提過，消費者思維中的品牌形象是由聯想和情緒記憶構成（這來自於不同場景下的品牌體驗）。無意識的品牌連結根植於潛在記憶中，可以透過行銷被刺激激發出來。因此，在制訂行銷策略及測試策略是否有效時，就必須理解這種連結和情緒記憶。行銷專家克勞泰爾．拉派爾（Clotaire Rapaille）根據最早期產品或品牌體驗與具體情緒結合，創造思維「烙印」的概念，他認為這會影響消費者未來對某一品牌或產品的看法和行為。他指出烙印受文化的影響，不同文化之間的烙印各不相同。在制訂行銷策略時，必須深刻理解這一點。

深度視覺化是我在消費者研究中經常使用的一種工具，可以深入瞭解消費者因品牌體驗而形成的深度情緒記憶和無意識的品牌聯想，無論這種體驗是早是晚，是好是壞。這一技術由心理學家理查．馬多克（Richard Maddock）和作家查爾斯．肯尼（Charles Kenny）開發，由他們的前助理克萊爾．格蕾斯（Clare Grace）教授給我。在多次針對不同類型產品的訪談中，我都運用了這一技術。

深度視覺化背後的原則是：訪談者使用放鬆、視覺化和重複的方法來發掘參與者的無意識聯想和深層的情緒記憶，直到獲取參與者對某一品牌的核心看法。這些類型的訪談一般都會在一種舒適放鬆的背景下有效地進行。首先，參與者被要求閉上眼睛，深呼吸，然後放鬆下來，進入一種α腦波（Alpha）劇烈活動的狀態。此時，為了實現集中意念，所有外部侵入的想法都會被清除掉，感覺的輸入也會被最小化。

參與者會被要求對最近發生的事做一次快速的視覺化「練習」，為避免情緒的觸發（Priming），這時會要求情緒保持中立。隨後，訪談者會要求參與者回到某一次具體的體驗情境中。理查．馬多克建議讓參與者想像著時鐘或是日曆回到過去。一般而言，我們會選擇一個難忘（正面）的體驗去表現積極的品牌聯繫，但為了理解品牌認知的全部層面，有時需要對正面體驗和負面體驗進行比較。

克萊爾．格蕾斯說：「我已經在光線昏暗的房間中進行許多次這樣的面對面訪談，受訪者可以靠在躺椅上，閉著雙眼或戴上眼罩。讓受訪者真正回到以前的時刻，再現（而非記憶）當時的經歷，做到這一點非常重要，可以讓他們重拾『第一手』的體驗和情緒。為了鼓勵他們，我會說：『你已經回到從前了，你能感覺到。』受訪者這時開始講話，告訴我在他們的想像中看到了什麼，做了什麼。他們看起來非常享受這一過程，在訪談結束時經常會向我表示感謝。」

當參與者讓訪談者知道他們已經「回到從前」時，根據我的經驗，這時訪談者會引導對方娓娓道來，來探查其深層動機和涵義。一般的引導話語包括「你看到什麼了？」、「感覺如何？」、「那裡有什麼重要的東西嗎？」當我們獲取核心涵義，還可以提問：「這個品牌或體驗對你而言意味著什麼？」此外，還可以讓參與者想像他們最喜歡的品牌被拿走後，他們的感受以及會採取的行動。這可以幫助我們理解消費者對品牌的深層黏著度和對其他品牌的選擇。

深度視覺化非常具有洞察性，具體表現在以下方面。

- 發掘最深層的品牌動機和情緒連接。為了做到這一點，訪談者可以透過不斷重複發問，引導受訪者表達對某一品牌或產品體驗的連結和意義。
- 探索在某一文化場景下最初的品牌體驗。例如，克勞泰爾・拉派爾可以讓受訪者回到他們能記起的最早的體驗，他認為這些早期的體驗「烙印」，可以幫助企業建立特定文化背景下的品牌聯繫，並且能不斷強化。
- 理解某一品牌體驗（積極和消極）的感覺層面，例如顏色、質地、味道、口感、聽覺等，可以為創新或行銷提供指引或方向。我們會要求參與者描述「那一刻」他們在使用某一產品時經歷的所有事情，從而實現這一點。
- 在視覺化的情境體驗中刺激研究者和參與者對新事物的想像，共同創造新的思維。例如，在討論完對一個品牌的喜好或厭惡後，可以聊一聊如何提升這個品牌的購物體驗。我可能會讓參與者將自己置身於商場中，在一個新的商品專櫃前，開始一次不同的購物之旅，然後向我描述他想像中的完美體驗。

案例 運用深度視覺化方法區分消費者類型

我們為一家全球知名飲料公司展開一個長達一年的研究專案。為了可以更好得進行行銷工作，客戶請我們找到飲料的二十一種「生活片段」。量化研究已經可以確定具體的「需求狀態」，那就是消費者尋求飲料的功能和情感需求，以及消費者對飲料品種的喜好和他們飲用的方式、頻率。

我們針對每一種片段，完成一系列民族誌和深度訪談，可以深刻理解在飲料市場上，消費者選擇品牌的文化和情感動機。現在我們正在對另一個類型的消費者進行深度訪談，他們一天喝八次汽水飲料，還經常吃速食。

當我在對艾伯特訪談時，他說自己一天要喝六瓶可樂，從早上開車上班開始，吃早餐時也不例外，晚上回家的路上還要再喝一瓶。他視此為「毫無害處的上癮」，似乎不願意談及太多，所以我讓他想像一下，他在吃速食的時候最喜歡的可樂品牌。我請他閉上眼睛，放鬆，然後「看一看」他最喜歡的飲料品牌。視覺化的方法讓艾伯特進入放鬆狀態，也讓他的α腦波活躍起來，可以讓他更加自在地進入對品牌體驗的情感記憶。

艾伯特向我們描述，他作為城市規劃辦事員的忙碌一天，要處理無數通電話和網路諮詢。「壓力太大了！」他皺眉搖頭說。一天中最幸福的時刻就是午餐，他可以坐下來，慢慢享受墨西哥捲餅或炸雞腿三明治。我讓艾伯特描述當可樂沉浸他胃裡時的感受，他告訴我說會有一種期待已久的泡泡所帶來的滿足感，以及甜味滑過口腔的幸福感。清爽可口的可樂與美味鬆脆的三明治搭配在一起，會覺得卡路里和咖啡因可以提升能量，感受到一天都在美好中度過。

在交談時，艾伯特的臉部表情逐漸放鬆下來，不由自主地開始微笑。「這是屬於我自己的時刻，」他說：「我在逃避現實。」一天當中，只有這短短的幾分鐘，他才能離開現實生活，不被各種事情煩惱，這是屬於他個人的溫馨時刻，可樂和食物帶來的慰藉在片刻之間溫暖了艾伯特的心。

「可樂對你來說代表什麼？」我問他。

「一天中屬於我的時刻，純粹幸福的時刻。」他回答道。

我問：「如果現在你得不到平常喝的可樂，但有另一個品牌的可樂供你選擇，你會怎麼辦？」

「去其他地方找找看，」他聳聳肩說到，「至少吃得不會太糟糕吧。我會帶著失望回去工作，這一天剩下的時間都不會好過。」

我請他想像將自己置身於另外一個情境中。「在一天中的另外一個時刻，你拿著可樂和午餐，不過這時你想嘗試一些不同的東西。那麼在你的大腦中會期待一個什麼樣的新式可樂呢？嚐一下新可樂的味道。當你喝下的時候，是什麼樣的感覺呢？」

艾伯特思考片刻，然後回答說：「或許會有點不同，但也許還不錯。有點甜，同樣的氣泡感，但會更甜，也許是果汁味道吧。」

最後，我讓艾伯特睜開眼睛。他驚訝地問我：「我說了什麼，我的表現怎麼樣？」我鼓勵他：「很好啊。」

產品經理對艾伯特的回饋非常認同，透過傾聽艾伯特對新產品口感的描述，他也擴展了自己對新產品的認知。廣告創意總監也點頭表示贊同，他聽到了豐富新穎的產品體驗，以及消費者與產品之間的情感交流，這也會激勵他的團隊繼續創造更好的創意。

符號掃描

第二章討論了在文化、社會和情感場景下，符號學分析對沉浸式研究的作用。其中一項方法稱為「符號掃描」，這一方法已經在設計和傳播研究中得到長期廣泛的運用。在消費者研究的開始階段，我經常使用「符號掃描」的方法，尤其是品牌資產中包含有強烈的無形風格元素時，像汽車、時尚品或電子產品等。

進行符號掃描，需要做到以下幾點。

- 明確目的。符號掃描能解構產品及其相關符號，既包括文字符號（如消費者在社群媒體上的評論），又包括視覺符號（如廣告和照片），進而探索產品或品牌的文化符號內涵，為沉浸式研究奠定基礎。
- 觀察產品符號。以汽車產品研究為例，我們可以觀察汽車廣告、消費者圖片和影像，還可以觀察其他相關產品，如建築、時尚和電子產品等。
- 找到界定產品的關鍵主題，建立一系列的圖片或文字，使用在隱喻誘引和反射練習中。

符號掃描的方法還可以在策略團隊的工作會議中使用，這是一個好方法，可以讓新組建的團隊迅速瞭解產品，為產品的SWOT分析提供投入或找到新產品的定位機會。具體步驟如下。

- 團隊運用自己的內隱知識，對影像和文本資料進行研究，確定關鍵創意。
- 將這些創意想法總結成主題，確定產品的價值和標誌。
- 根據主題勾勒出產品輪廓，找到與眾不同的產品創新或定位。

案例 風味麥芽酒精飲料的創新

一家大型啤酒釀造商與一家白酒品牌企業計畫成立一家合資公司，生產開發一種低酒精調味的產品進入市場，目標消費者是達到合法飲酒年齡的年輕人。他們的目標是將自己的產品與市場上其他風味麥芽酒精飲料做出區別。合資公司的策略團隊與廣告公司需要確定如何結合母品牌來對新產品進行定位。合資公司的策略團隊由雙方公司的代表組成，他們在芝加哥進行為期兩天的研討。

我們和兩個團隊首先回顧了白酒和風味麥芽酒精飲料的市場銷售情況，並且把兩種產品的特點和訊息寫在便條紙上。然後，兩個團隊對這些紙上的主題整理分類，製作一個集群圖，可以清楚表現兩種產品。

隨後，策略團隊將自家白酒和風味麥芽酒精飲料與這些收集的訊息進行對比。這張集群圖展現出風味麥芽酒精飲料的定位分布情況，並且為公司新的風味麥芽酒精飲料在白酒市場中找到定位。我們還可以預測其他白酒品牌可能採取的定位方向，從而確保自身產品的差異性。

最終，合資公司按照策略團隊在研討中討論的方案，推出新款風味麥芽酒精飲料，這款產品只花費三分之一的行銷預算就快速成為同類產品排名第二的品牌。

隱喻誘引

隱喻誘引，本義是用熟悉的事物去描述不熟悉的事物，這一技術廣泛應用於量化研究中，去探尋一些無法言表和無意識的涵義、想法和體驗。隱喻誘引作為一種研究工具，在某些方面非常有效，因為人類在日常生活中，總是習慣於使用一些可以說出來和看到的隱喻，甚至連小孩都可以藉由隱喻幫助自己去描述或感知不熟悉的現象（例如，用「大鳥」形容飛機）。語言學家喬治．雷可夫（George Lakoff）和哲學家馬克・詹森（Mark Johnson）認為，人類的概念系統從本質上是以隱喻為基礎。隱喻技術既可以運用到個體身上，也可以對人群使用，根據我們的經驗，還可以在物質、社會和文化背景中運用。喬治・雷可夫和馬克・詹森提出三種不同的隱喻概念，具體如下。

- 方位隱喻（Orientational Metaphor）：依據空間和方位的感覺所構成的隱喻。例如，「上」往往代表正面、健康，與提升的體驗有關；「下」往往代表卑下、令人不悅、病態，與墜落的體驗有關。像是，「事情正在積極向上發展，我們卻在走下坡」。
- 實體隱喻（Ontological Metaphor）：將抽象模糊的思想感情、心理活動、事件狀態等無形的概念投射為具體、有形的實體。例如，把大腦比喻為機器，「今天我腦子生鏽了」。
- 結構隱喻（Structural Metaphor）：以一種概念來構造另一種概念，把兩種概念相疊加，將談論一種概念的各方面詞語用於談論另一種概念。例如，生活就是一場賭博，「他是一個輸光的賭徒」。

廣告經常使用隱喻，把它當作一個在兩種事物間傳遞聯繫的間接方式。當我們在電視廣告中看到飛機掠過Saab汽車，看到的是充滿力量、速度與自由的駕駛體驗。當看到茱莉亞·羅勃茲（Julia Roberts）為蘭蔻美好人生（La Vie Est Belle）女性淡香水拍攝的廣告時，我們會將茱莉亞身上的優雅氣質、以及她自身擁有的「美好人生」與香水結合起來。

因此，無論是語言還是視覺隱喻誘引，都可以用於以下研究。

- 探索構成一個品牌框架的社會和文化密碼。例如，在一個入門級的奢侈汽車品牌中，我們採用視覺隱喻去探索奢侈的涵義。確認幾個對這些購車者不言而喻的奢侈層面，包括個性表達、感官享受、技術授權、令人興奮的創造性視野、獨處的空間以及融洽的審美。根據這些層面選擇不同的圖片和相應的文字進行分析。這種隱喻研究不僅可以幫助我們激發設計靈感，還可以清晰地指明廣告執行和品牌合作的方向。
- 引導出無意識的品牌認知，包括品牌傳播一直致力於實現的目標。例如，二十世紀九〇年代，服裝品牌Gap發起一次電視宣傳活動，宣傳口號是

「Everybody In……」大約十年後，當對服裝產品進行隱喻研究時，消費者仍然會重複這個宣傳語來代表Gap。不過，現在「Everybody In……」的涵義是無所不在、大眾化和缺乏個性。這個品牌已經失去時尚性和獨特性。根據進一步的觀察，這主要是由於消費者的購買體驗不佳所導致，但隱喻仍然存在於消費者無意識的思維中。

- 確定品牌關係、文化原型或形象。因為人是社會化的動物，一個品牌的情感聯繫大多在人際關係中呈現出來。有時，如果深入挖掘，就可以追蹤到這種關係。例如「我媽媽使用過。」或「我最好的朋友告訴我這個品牌。」
- 幫助消費者描述難以用文字表達的情感。例如，在一項健康研究中，「我感覺就像在水下呼吸」，重症鼻竇炎患者經常使用這個隱喻，電視廣告中也經常出現。在關於女性更年期的小組討論中，我們鼓勵女性利用繪畫描繪出她們強烈的情緒，而不僅是透過討論進行口述。
- 找出透過提問無法找到的、無意識的聯繫。我們曾幫助美國的母親確認「健康的童年是怎樣的」，研究發現肥胖是一個關注的重點。這不僅關乎健康問題，更因為父母擔心孩子會由於肥胖而被貼上負面標籤，被同齡兒童所排斥，變得鬱鬱寡歡，甚至抑鬱焦慮。肥胖對兒童心理的影響比對身體健康的影響還要引人關注，這個研究成果很快被一個兒童無糖穀物食品品牌使用在電視廣告中。

- 探索品牌體驗的感官層面。我們曾為一家蛋糕廠商做過研究，找出顧客在店內體驗的核心要素。首先，在小組討論環節讓參與者想像一次在蛋糕店的體驗，主要聚焦於感官方法，如視覺、聽覺、味覺等。隨後讓參與者從一組影像中找出最能反應這次體驗的圖片，其中有四幅圖片被參與者反覆選擇。透過分析這些圖片以及視覺化後的相關故事，核心要素越來越清晰：想要有溫暖的味覺和視覺，柔軟新鮮的麵包才是關鍵；此外，麵包店外觀的重要性排在櫃檯之後；店面的布置也很重要，需要和普遍喧鬧的店面有所區別，能給人溫暖和舒適感。最終，這些要素被這家全球知名公司的店舖設計團隊採納了。
- 找到品牌創新所需的想法。當與消費者探討創新觀念時，很難有所突破。消費者往往認為「想當然」會有一家公司可以提供新的產品給他們。為新想法建立隱喻表徵可以為品牌策略找到重合或不一致之處。一家優酪乳企業希望拓展自己的益生菌品牌。對益生菌產品的符號掃描結果顯示，主流觀點認為它是一種「藥品」，市場行銷團隊正在考慮為這種新產品設定一個更具功能性的定位。

我們成立焦點小組訪談，請參與者使用圖片和文字來描繪這種新產品的隱喻特徵。透過這些特徵，可以清楚看到對消費者而言，主要區別在於口感，他們對於這類產品，喜歡是第一位，效果是第二位。這個結果或許並不令人驚訝，因為優酪乳產品正是建立在口感基礎上。隱喻研究幫助策略團隊在不同定位之間做出選擇。

- 探索不同人群之間的區別。在一項關於維他命和營養補充品的品牌研究中，我們讓參與者在民族誌研究中呈現代表「健康」的圖片。一部分人選擇的圖片展現出年輕、充滿身體力量的運動；另一部分人選擇的是作為自信和平衡的生活方式所表現的健康——這與使用產品補充身體所需的自然營養、追求均衡和健康的理念一致。但是參與者透過隱喻表達出來對身體力量的需求，卻缺乏相對應的回應。這一發現使新產品在創新上開始關注能力和表現，追求更加年輕和凸顯身體力量的定位。

在至少一萬次的訪談中，我使用了隱喻和視覺化工具，並且發現不考慮產品類型或地域，一些隱喻會反覆出現。具體來說，主要有以下幾種。

- 平衡是一種人們追求身體、情感或精神均衡與和諧的狀態。這一思想可以追溯到亞里斯多德（Aristotle）對於過度與不及的中庸之道，不僅影響傳統的道德觀念，而且對建築設計和藝術產生巨大影響。平衡的隱喻出現在諸多產品中，例如汽車、飲料和健康產品。表達這種期待的消費者一般都是充滿生活狂熱的年輕一代，他們希望在生活中找到屬於自己的位置。平衡能讓他們更加成熟且充滿自信，許多消費者在表達對平衡的感覺時，表現出一種對他們所取得成就的自豪和滿足。他們可能利用尋求道德上的平衡來表現這種契合感：透過慈善捐贈或社會、環保公益等「回饋」。許多奢侈品的設計都是在追求一種靜態平衡的感覺。平衡還可以是矯正失衡狀態（彌補罪過）的一種方法。例如，如果讓孩子中午吃便當，那麼父母可以透過為孩子提供健康早餐來進行彌補。
- 歸屬是人類一項重要的需求。在馬斯洛的需求層次理論中，「歸屬」屬於第二層級。歸屬需求的隱喻無處不在，例如表達社交聯繫的產品（啤酒或食物），表達身分認同的產品（關於時尚產品的追求）。在一些產品中，歸屬和個體之間存在著緊張關係。例如，我們會經常聽到「我想與眾不同，但又不想太超過」。在時尚產品中，可以根據「希望與眾不同」的程度對人群進行歸類。就像在Gap案例中看到的，時尚品牌必須取得消費者的「歸屬感」。我們在一個受年輕女孩喜愛的牛仔褲品牌消費者訪談時發現，她們二十多歲時非常喜愛這個品牌，但隨著年齡增長，她們認為自己更加理性和成功，所以就會放棄這個品牌。品牌意味著「歸屬」，對年輕的女孩來說，牛仔褲就是她們生活的全部，這個品牌意味著她們變成了自己想要成為的樣子。

許多品牌都努力將「歸屬」變成其內涵的一部分，例如玩偶品牌美國女孩（American Girl）發起一項名為「誓言」的活動，反應年輕女孩普遍存在的孤獨感，鼓勵女孩透過集體活動變得充滿力量，社群媒體也將「人人為我」的觀念轉變為「我為人人」的精神。

- 控制。從人類社會早期開始，人類最強烈的衝動就是獲得控制：對環境和行為的控制。因此，當消費者感到失控（像健康問題）或脆弱（像汽車產品），控制的隱喻就會非常重要。在一些關於慢性疼痛患者的研究中，「尋求多種藥物治療」可以明確表達出患者控制疾病的期望。例如，對疼痛部位的局部清洗或熱敷就是控制的一種表現。一些患者喜歡一天吃四次藥，而不是醫囑的兩次，因為這會讓他們覺得自己是在控制疼痛。輪胎品牌倍耐力（Pirelli）著名的廣

表6-2　使用隱喻誘引工具的兩種方式

隱喻誘引的兩種方式：獨立方式和輔助方式。

(1)獨立方式。研究人員讓參與者選擇文字或圖片來表達對目標品牌的體驗或認知。例如，「選擇對你而言能代表奢侈的圖片」或是「選擇能代表INFINITI、Lexus、BMW、Acura（本田汽車的豪華汽車品牌）和賓士的圖片和文字」。研究人員可以這樣操作：

- 圖片和文字個性化的組合。
- 「大雜燴」：在一張硬紙版上粘貼圖片和寫上文字。
- 線上拼貼。我喜歡使用PeopleBlogSpot的拼圖功能，可以讓參與者從自己的照片庫中自行選擇圖片，還可以提供網路上的公開圖片，同時根據重要性，允許對照片進行重新裁剪。

(2)輔助方式。研究人員會為參與者提供一組事先選擇好的圖片或文字，讓他們從中選擇。根據研究的不同問題，這些圖片既可以來自目標品牌，也可以來自符號掃描。例如：

- 廣告宣傳使用的產品圖片。
- 客戶內部或外聘設計團隊使用的圖片或關鍵語（品牌一般都有「風格指南」，融入能夠反應品牌特質的視覺元素和個性化圖片，我們稱其為品牌的「視覺外觀」）。
- 策略團隊選擇的圖片或文字，反應品牌和競品的特質或個性特點。
- 常見的原型。我們有一套標準的圖片庫，包括人物（例如像約翰．韋恩這樣的著名人物）以及情感原型，例如母親、父親、兒童，無辜、輕鬆、壓抑、悲傷、幸福、活潑等。這種標準原型可以幫助在不同類型的練習中進行對比，如企業系列產品中的不同品牌或是一個產品的競品等。
- 價值和目標。米勒等人設計出一百種價值，可以影印在索引卡上，供參與者根據重要性進行分類，這很容易在網路上找到。

獨立方式可以讓參與者根據最具代表的圖片來準確表達自己的新觀點；輔助方式可以讓團隊以聚焦方式去探索品牌、競爭者以及產品特徵，包括在獨立方式下消費者無法準確表達的想法或細節。最理想的當然是同時使用獨立和輔助兩種方式。

必須思考是要採用狹義方式（例如根據品牌或產品類型），還是更加廣義的方式去設計隱喻問題，這一點非常重要。廣義的方式可以提供更加情境化或情感化的想法，例如在向消費者提供隱喻時，詢問「家庭時間」比「小轎車」更具有探索性。

告詞：「動力控制收發自如」（Power is nothing without control）說的正是這一點。哈佛商學院管理學教授查爾曼（Zaltman）指出存在於人類潛意識中的七大隱喻源：平衡、轉變、旅程、容納、連結、資源和控制。它們開始於我們出生，形成於後天社會環境的塑造。

案例 醫療健康品牌如何使用「隱喻誘引」和「深度視覺化」技術

醫療健康領域的兩大品牌成立了一家合資公司，提出一種新產品概念，在量化評估中得分很高。現在我們的這個客戶需要對品牌定位做出決定。但這一策略問題略顯複雜，因為兩大品牌的定位各不相同，而且其中一個品牌在美國和德國這兩個主要區域市場的產品內容也不相同。醫療健康專業人士的意見非常重要，因為他們可以向社會大眾推薦品牌。因此，我們設計了一個複合型研究方法，包括對醫療健康專業人士的深度訪談，以及對美國和德國消費者的創意研討會。

在對消費者的訪談中，採用輔助方式的隱喻誘引，使參與者為兩個不同品牌分別建立隱喻和形象。他們可以從兩個品牌的風格指南和圖片當中收集素材，從中選擇代表兩個品牌的功能和情感特點。然後，我們會向參與者展示新的產品概念，進行反射性的視覺化練習，從而獲得參與者對這個新產品的瞭解、購買和使用的體驗。我們利用視覺化方式詢問他們的體驗會更接近哪種現有品牌。

隨後，他們會為這個新品牌建立另外一種隱喻和形象。將兩種隱喻和形象進行對比，就可以看出這兩個品牌與新產品概念之間的無意識連結。

無論是在美國還是德國，這種方式都可以清楚界定新產品的界線，從而使新產品能更適應美國和歐洲的市場定位。視覺化還可以洞察決定購物的形成過程，也包括醫療健康專業人士在此過程發揮的作用。最後，對新產品的量化樣本進行線上隱喻調查，進而確定產品定位的有效性。

在對醫療健康專業人士進行深度訪談時，也可以採用類似的研究方法。對那些與專業人士進行對話的病人樹立品牌形象，可以為行銷團隊推廣新產品提供有效的幫助。其實，在和半信半疑的醫療健康專業人士一起使用這些無意識的方法時，我也很緊張，但最後效果非常好。

對於隱喻誘引技術一直有些批評的聲音，原因是當研究人員在對研究結果進行解釋時，很難證明這種解釋的有效性。荷蘭心理學家霍夫斯泰德（Hofstede）等人發現，在區分兩個啤酒品牌時，視覺化的隱喻方法和人格化方法的效果是相同的，但這種區分無法轉化為語言。這一結論並不奇怪，因為隱喻的作用在於發現共同的消費內容，反應文化符號或品牌象徵，這些都很難用語言進行口頭表達。在深度洞察研究中，視覺化比文字更加精準。

階梯法

階梯法是一種基於「方法目的鏈」模型理論的技術，在商業場景中把消費者的價值觀和產品特性結合起來，可以幫助研究人員分析消費者對產品特性的認知結構。這一技術類似於深度視覺化的使用方法，即重複。在深度訪談中，研究人員可以按照下面的範例對參與者進行口頭引導。

階梯技術和隱喻技術相結合，可以激發出參與者更為豐富的情感回應。在美國和印度進行的一次瓶裝水研究中（會在第七章講到這個案例），就使用階梯法為產品找到與眾不同的定位。我們採訪了幾位飲用瓶裝水的參與者，然後從簡單到重要依次詢問他們理由。這可以產生四種不同的利益空間，即表達功能性、情感、自我表達性利益以及個人價值觀，在量化研究中，這些可以用來創造產品定位的新概念。

範例一：

A：「你為什麼喝這個牌子的瓶裝水？」

B：「因為它比水龍頭的水乾淨。」（產品特性）

A：「乾淨為何重要？」

B：「我希望自己喝進去的是對身體有益的東西。」

A：「為什麼這對你很重要？」

B：「我會感覺很好。（如何好？）我會更加安靜，不那麼緊張。」（功能性利益）

A：「不緊張的結果是什麼呢？」

B：「我會有平衡感，對所有事、所有人都會放鬆下來。」（情感性利益）

A：「這種水是如何讓你做到這一點的？」

B：「水是純天然的。在戶外喝到純天然的水，會讓我感覺更加平靜。」（產品價值）

範例二：

A：「你為什麼喝這個牌子的瓶裝水？」

B：「因為可以補充水分。」（產品特性）

A：「補充水分為什麼重要？」

B：「我在體育館鍛鍊後，需要為身體補充水分。」（功能性利益）

A：「為什麼這對你很重要？」

B：「我會看起來很棒，而且有能量去做好工作。」（自我表達和情感性利益）

A：「為什麼這對你很重要？」

B：「我希望成功，希望自己做得更好。」（產品價值）

投射技術

在定性研究中使用投射技術，主要指的是：將參與者壓抑或潛藏的情感投射在其他角色上，幫助參與者能進行更好的表達。許多研究人員都發明自己的獨特投射方法，例如：

- 氣泡圖，在一個設定的角色上（例如即溶咖啡購買者），參與者分別在「想法」和「語言」的氣泡中填空。

- 以第三人稱寫一個文字腳本，同樣是一個設定的角色。
- 完成句子，例如某品牌的番茄湯……
- 詞語聯想。研究人員將一些詞語展示給參與者看，並要求他們立即回答所想到的是什麼。在瞬間反應下，可以獲得與這些「刺激詞彙」相對應的聯想。榮格是第一個在心理分析中使用這個方法的人。

投射概念起源於佛洛伊德（Sigmund Freud），他將其定義為一種防禦機制，人們可以無意識地把負面性格特點歸因於其他人。之後，臨床心理學家將此作為一種工具，例如瑞士精神科醫生、精神病學家羅夏克（Rorschach）的墨跡測驗（ink-blot）。在一項早期研究中，美國加州大學教授梅森·海爾（Mason Haire）運用投射技術幫助即溶咖啡廠商找到銷售不佳的原因。

他把兩張家庭主婦的購物清單拿給兩組女性看，一張包含即溶咖啡，一張不包含。結果，這些女性所描述的家庭主婦個性特徵差異很大：購買即溶咖啡的家庭主婦被認為是懶惰和凡事將就的；沒有購買即溶咖啡的家庭主婦則被認為是勤快能幹、熱愛家庭的。研究結果顯示，即溶咖啡使用者給人們一種非常消極的形象。

投射技術也存在缺點，就是會受到個人主觀影響，研究人員對投射結果的解釋會出現不一致的情況。有時，我會在小組討論中使用投射方法，用來克服社會期許的差異。有一點需要注意，那就是參與者可能會使用投射性語句來間接表達自己的觀點。

消費者神經科學的工具和方法

想要觀察消費者對行銷刺激所產生的精神和心理反應，消費者神經科學能提供幫助，使用這些方法可以確定消費者的想法，預測他們將要產生的行為。從某種意義上講，消費者神經科學是沉浸式研究的利器。這一領域發展非常快，根據二〇一五年行業研究趨勢綠皮書，這一領域的應用以及期待的運用方法和工具不斷地湧現。下面列舉一些主要方法。

- 眼部掃描。眼部掃描已經在行銷領域使用十幾年，用來研究消費者看到行銷刺激（產品包裝、平面廣告、郵件及網路頁面）時的反應。眼部掃描的結果是一張熱圖，顯示消費者最常或是觀看時間最長的區域。這一方法既可以在實驗室使用，也可以用在有刺激性的環境中，例如商場街道。我們的民族誌研究就吸收了眼部掃描技術，觀察超市中的購物者如何瀏覽貨架，以及如何吸引和抓住他們的注意力。我們還在具刺激性的商場環境中運用這一方法來進行購物測試，觀察購物者對新產品包裝和商場促銷手段的反應。眼部掃描可以解釋消費者正在看什麼，但無法解釋為什麼這樣看，因此，這一方法越來越常與腦波圖（EEG）等其他方法一起運用。

- 臉部分析。在第二章講過，保羅．艾克曼根據臉部肌肉動作和不同表情的對應關係開發出臉部動作編碼系統。使用軟體和相機可以自動對臉部表情生成編碼，進而對大規模樣本進行比對分析。在一項網路廣告有效性研究中，就使用了自動臉部動作編碼，透過網路攝影機來觀察參與者對刺激的反應。這種方法的侷限在於：很多情緒都是消極的，表現出來的臉部表情差別很小，此外，參與者故意隱瞞臉部表情的情況也很普遍。一些量化研究還會要求參與者從一堆表情包中選出一張表情，表現自己對刺激的情緒反應，而不是選擇使用語言量表的方式，因為他們對語言的解釋會更加寬泛。
- 神經行銷學。神經行銷學是決策神經科學的一個分支，研究人類腦部對廣告等行銷刺激的反應。腦波圖掃描透過在頭部的感應器，可以檢測腦部皮質中腦波的活動方式；而功能性磁振造影（FMRI）使用核磁技術追蹤腦部血液流動情況，顯示人們是如何對特別的廣告或物品產生反應的，也包括腦部的深層活動狀況，而這是腦波圖掃描所無法呈現的。功能性磁振造影的缺點就是設備稀少、昂貴，而且使用受限，參與者必須在封閉的環境中安靜躺上一段時間。

不過，基於功能性磁振造影可以精準預測廣告或產品的未來表現，這種方式也是很受歡迎的。神經學家格雷戈里．伯恩斯（Gregory Berns）和莎拉．摩爾（Sara Moore）將伏隔核（nucleus accumbens，更普遍的名稱是「快樂中樞」）中的神經活動和在音樂領域獲得的成功連結在一起。在這個實驗中，青少年平躺在功能性磁振造影儀器中，聽了一系列的歌曲。研究人員發現，青少年快樂中樞的活動與該首歌曲後來在上市後銷售是否成功有著直接的關係。不過，有學者認為，科學家還無法在腦部成像數據與消費者行為之間建立可靠的關聯。因此，我們還需要補充心理、社會和文化方面的分析。

哈佛商學院教授卡瑪卡（Karmarkar）指出，檢測到的神經反應在不同文化之間具有一致性，但神經反應對行銷的活躍程度差異巨大，她以東西方文化對幸福的表達方式為例說明這一點。基於這個理由，為了對神經反應進行深度測試，神經行銷學的方法還需要與其他技術聯合起來運用。

- 生物反應。這種方法是測試身體對行銷刺激的無意識反應，包括心跳、膚電反應（GSR）和瞳孔放大。生物檢測測試的是情緒的反應程度，但無法檢測情緒的類別，因此也必須與其他方法結合起來運用。
- 穿戴式裝置。可以使用穿戴式裝置收集參與者的生物反應數據，如心跳監測器可以監控人的健康程度。

敏捷開發

由美國軟體開發者撰寫的「敏捷軟體開發宣言」（The Agile Manifesto），首次提出敏捷消費者研究的概念，其推崇跨職能團隊的疊代和增量的軟體開發方式。宣言提出，用戶的持續參與非常重要，因為在軟體開發的開始階段無法充分收集用戶需求。在「策略學習之旅」中，這一方法可以用來收集數據或提煉研究的促進因素，但不能因此加速整個深度洞察和理解的過程。

由於可以快速收集（定性或定量的）數據，而且提供機會來疊代完善研究工具，以利對這些數據進行深度研究，所以研究人員在研究消費者時總是充滿興趣。在第四章最後的口腔衛生品牌案例中，策略團隊透過不同焦點小組的討論，以疊代方式提煉出的新產品概念，可以涵蓋所有小組的意見。現在，更多的敏捷研究是採線上應用，可以在消費者網路平台上快速招募參與者。

章節核心要點

1. 管理研究項目的步驟

研究項目管理涵蓋消費者研究的全過程，確保可以獲取成功、高效率的成果。項目計畫的時間不少於四週，實施的時間不少於六週，涵蓋至少兩個國家的市場，定義和管理的關鍵步驟如下。

- 確定樣本規模、篩選標準和地點。
- 確定預算、項目計畫和時間表。

- 設計招募篩選程序。
- 管理招募和實施過程。
- 設計研究方案。

2. 樣本規模

樣本規模包括範圍和預算，一個研究需要的參與者數量。

3. 篩選標準

篩選標準是界定希望涵蓋的消費者類型的變數，這一決定是基於策略學習的目標所做的。

4. 地點

地點往往是基於產品的關鍵或潛在市場位在哪裡而決定。考慮到地理文化、氣候、歷史品牌影響力以及其他變數，如銷售管道、儲存方式等，一般至少會選擇兩個市場。尤其是在研究創新策略時，還會選擇有影響力的大城市市場。

5.沉浸式研究工具

沉浸式研究方案必須包括研究工具，可以讓研究人員對消費者深層的情感記憶、無意識的情感和文化的連結進行分析。這些工具包括深度視覺化、隱喻誘引和階梯法等。在選擇研究的方法時，所有的這些工具都可以進行綜合運用。

第7章

活化行銷策略的洞察

- 說明活化洞察的三個步驟。
- 探討第一階段形成的不同方式。
- 使用第一階段形成的沉浸式學習成果，界定「消費者洞察」的涵義以及如何建立洞察。
- 建立洞察後，確定潛在策略行動的方式。
- 透過全球性案例的研究來說明如何設計和執行活化研討。

開篇案例：從消費者的需求中發現創新機會

隨著年齡的增長和疾病的增加，有些人認為自己會成為家庭負擔，他們為此焦慮不止，這是我根據諸多研究成果發現的消費者的無意識情緒。人類的壽命在不斷增加，慢性疾病的發病率也在增長。研究報告指出，在美國和英國，六十歲的人中有一半患有慢性病，而且政府延遲退休年齡也增加了公眾的焦慮。因此，毫無疑問，「更健康地活著」已經成為當前的消費大趨勢。

對一些消費者而言，更健康地活著已經成為他們的生活焦點，每天他們都會花上幾小時學習、練習和交流，以此來保持身體和精神健康。在社群媒體時代，人們透過影音網站或部落格來表現個人的健康生活，這對於那些正在追求健康方案、但又陷入焦慮的消費者產生重要的影響。

一家英國即飲產品公司的策略團隊發現了這些消費趨勢，公司決定為銷售、行銷和研發高層展開一次「策略學習之旅」，使他們成為公司產品創新策略的先鋒。

我們設計了為期一週的消費者沉浸研究和洞察活化研討，對前述消費者的健康習慣進行深入研究，從而激發公司產品創新的洞察。三十多人組成的團隊前往南加州，他們分為六小組，花費一天時間對十八位前述消費者進行觀察訪談。這些消費者來自不同的年齡層和生活背景，但都在練習或教授他人「更健康地活著」的技術，包括針灸、量子觸療、氣功冥想、皮拉提斯、瑜伽、香薰、按摩和離子清潔等。這次活動的目標是分析並提煉消費者對於追求健康生活的動機、理念和行為，據此建立洞察來作為公司新產品研發的基礎。

派翠克說：「所有的一切都與平衡有關，保持精神與身體的動態平衡。」他在聖地牙哥一個公園的兩棵樹之間用鋼絲來練習平衡，這種練習可以讓他保持身體的核心力量和精神的高度集中。三十三歲的派翠克每週還會練習幾次氣功，在午餐時會吃一些綠色食物飲品。五十一歲的凱特說：「在練習冥想之前，我感到非常壓抑。現在冥想和瑜伽可以讓我保持活力，我只喝添加檸檬和酸橙調味的純淨水。」

策略團隊的各個小組逐字逐句記錄下數百條這樣的話，在接下來的三天中對這些意見進行整理，最終成為四十多條洞察建議。對策略團隊而言，從健康生活的角度重整消費者的生活情境非常重要，因為團隊成員已經習慣傳統的產品和消費者需求。隨後，他們對產品創新進行腦力激盪，包括新產品、新成分、新包裝、新產品定位和新市場銷售方式等。

事實證明，在同理心策略過程中，沉浸和活化階段的融合非常高效和快速，為公司研發「更健康的飲品」提供了未來兩年的路線圖。同樣重要的是，這個過程打開了策略團隊的視野，讓他們更深入地看到在消費者未來生活世界中的主流飲品。

章引言

在上兩章，我們討論了展開沉浸式消費者學習的方法和工具。就像在第一章介紹的，這個學習過程之所以被稱為策略學習，是因為它可以產生洞察，策略團隊可以分享這種洞察，進而活化行銷策略，也就是行為來源於學習。

將個人學習融入團隊策略學習中，這是制訂行銷策略的關鍵步驟，尤其是在第一階段收集到很多消費者數據和觀察結果時，這也是非常困難的一步，我們稱其為「融入式」學習。因此，同理心策略過程的第二階段被稱為「活化」，目的是幫助團隊進行融入式學習，以此作為共同制訂行銷策略的基礎。在完成第一階段後，我們會在策略團隊的活化研討中實施這一過程。在第七章，將會說明適用於不同行銷策略的活化洞察三步驟。

活化洞察的三個步驟

在第二階段，為了建立關鍵的消費者洞察並將這些洞察擴展為潛在的策略行動，策略團隊首先要使用他們在第一階段理解到的同理心。我們將這一過程稱為活化策略洞察，其包括三個主要步驟。

對第一階段收集到的所有消費者數據進行完全分析，包括任何現有數據或是在展開沉浸式研究之前發現的內隱知識。使用這些數據作為建立新消費者洞察的基礎，在完成沉浸式研究後，立即進行的一次或幾次活化研討中，能獲取這種洞察。接著，要確定潛在的策略行動，在這一過程中，確認和選擇策略行動並非目標，找到需要採取的措施才是目標，也是責任。

簡單來說，活化洞察包括以下三個具體步驟：

一、分析沉浸式研究數據。

二、建立新的消費者洞察（洞察而非數據）。

三、確定潛在的策略行動。

分析沉浸式研究數據

對沉浸式研究收集到的結果和數據進行深度分析是非常重要的，因為這是形成洞察的基礎，可以為行銷策略帶來突破性的新思想。在理想情況下，根據數據數量和資源情況，分析需要二至三週。在完成沉浸式研究後，立即組織一次小型的活化研討非常有用，可以讓團隊加深印象，保持對觀點的新鮮感，為下一步的分析找到優先要解決的問題。但是，要避免「跳過結論或讓第一印象成為既定觀點」，因此一定要讓策略團隊在這一階段保持開放態度。有經驗的研究人員在進行訪談時就會形成初步觀點，策略團隊的觀察者也會被一些新思想或共同的主題所吸引。然而，我們傾向於選擇「與現有洞察保持一致或加深洞察」的數據，而非那些自相矛盾的數據。因此，在分析時不能跳過遺漏任何數據。

數據分析流程

分析的第一步是**整理數據**。使用錄音或錄影記錄，製作訪談討論的副本。照片需要整理成冊，按照參與者或主題進行分類。參與者製作的任何視覺素材，例如電子圖檔等，應當進行匯總並附上說明文本。所有這些原始素材是重要的資源，對策略團隊進入活化過程的下個步驟——形成洞察，非常重要。

分析的第二步是為**數據編碼**。編碼是在素材分析的過程中加貼標籤。一般而言，選擇的標籤與學習之旅開始時所確定的學習目標、以及分析過程中反應的主題相關。標籤上既可以是肯定或否定的評價，也可以是參與者的特徵，例如性別、年齡、區域等，從而可以根據參與者的類型對不同主題進行分析，找到子樣本（例如男士VS女士）之間的相似和不同處。

編碼可以讓素材整理變得更加簡單，也更易於區分不同主題。在實際執行時，有經驗的研究人員會發現，在編碼和比較量化數據時，記憶是非常有用的。事實上，在收集數據的過程中，一些主題會自然而然地出現。而且，在資料和資料之間、理論和理論之間不斷進行對比，就可以提煉出有關的分類（即主題）及屬性。例如，在本章後面即將講到的瓶裝水案例中，我們在印度找到一個與瓶裝水消費有關的主題：成功。藉由對比這一主題的參與者數據（包括文本和圖片），我們注意到「成功」主題的屬性表現為：年輕的外表、修身的穿衣風格、良好的教育和積極的心態，而擁有這些特點的參與者年齡都在二十五歲以下，單身，而且以男性居多。

除了「不斷比較」的分析方法，還有許多其他分析量化數據的方式。像是敘事分析就是一種常用的量化分析法，它可以反應語言如何表達涵義，以及消費者語言在行銷推廣中的重要性。因此，分析在某種場景中消費者使用的語言以及這些語言的類型，可以全面理解消費者的表現。在第六章的健康案例研究中，我們分析消費者關於「行走」的故事，找到他們在不同情境中描述「行走」的詞彙，每一種行走的情境都有其特點、觀念、情感和形象。

同理心策略是建立在「深度理解人們的感覺」上，因此，現象化的數據分析方式得到廣泛的應用。根據哲學家埃德蒙・胡塞爾（Edmund Husserl）的觀點，這種方式可以藉由對個體體驗的集中研究，發現體驗的本質及其內在屬性，並能在衛生保健領域得到廣泛應用。第八章將提到關於過敏反應的研究，我們使用深度視覺化的方法去分析過敏反應（身體和心理）的體驗，以及患者經歷病症後自我緩解的過程。

科技的發展每天都在為文本分析、視覺分析、以及編碼創造新的選擇。在撰寫本書時，有許多現成軟體可以幫助我們進行情境化的文本分析和編碼，不過許多軟體產品在分析量化數據時並非最佳選擇。線上平台，例如我們公司ModelPeople的PeopleBlogSpot，可以在線上研究手機的文本和圖片，並自動整理和編碼。在進行錄音和影片分析時，語音辨識軟體並非總是可靠的（使用過蘋果手機Siri的用戶可以證明這一點）。而且，訪談錄音的品質會讓副本出現很多錯誤，導致無法進行分析和編碼。不過這一領域發展迅速，一些商業研究平台現在聲稱可以對消費者行動影片進行記錄和轉錄了。

設計活化研討

數據分析工作完成後，就要在整個策略團隊內展開洞察活化研討，一般需要花費一到三天，目標有以下三方面：一、在策略團隊內部整合消費者學習；二、擴展學習內容，從而形成新的消費者洞察；三、產生潛在的策略行動，並分配責任。

一般而言，洞察活化研討應該在遠離策略團隊成員辦公的地方舉行，目的是要把電話或郵件的干擾最小化。為此，會議期間非常有必要限制手機和筆記型電腦的使用。洞察活化研討中途可安排休息，提供適量茶點。

在洞察活化研討會議中，一般會安排洞察專家為策略團隊講授如何進行消費者分析。如果在沉浸式研究中錄製影片，還可以加入分享。在顯示數據時，不要幾個小時不停地在講數據，幫助團隊吸收和處理數據才是重點，例如讓團隊成員回顧之前的筆記，找出一些新的觀察結果，在小組內進行分享；指導他們在便條紙上快速記下研討過程中產生的任何新想法，在建立洞察時，會用得上這些便條紙；把討論數據拆分為以一小時或半小時為單位，在小組內部或一對成員之間展示，讓他們可以充分地分享新想法。

如果策略問題非常聚焦或數據資料非常少，另一種有效的方式是讓整個策略團隊直接從原始數據中形成洞察，例如文本、照片或是他們作為觀察者時做的筆記等。我還會讓客戶的策略團隊編輯文本，讓他們從中找出我已先透過分析確定好的關鍵主題，這樣團隊就可以用更加省時高效的方式完成對原始數據的處理。

建立新的消費者洞察

建立洞察為什麼如此重要？**有一種普遍的錯誤觀念，就是認為數據等同於洞察。**事實上，洞察（來源於消費者數據）就像策略學習一樣，必須具有明確的行為導向，即必須能為策略計畫的制訂和執行提供指導、激勵。洞察應當為行銷策略的關鍵要素提供參考：①劃分市場區隔。②深度理解目標客戶的需求。③產品定位架構。④產品設計、實用性和創新領域。⑤推廣策略的方式，包括通訊和媒體。⑥制訂通路管道的行銷策略，包括促銷。

既然洞察不等於數據，那它們是什麼呢？一般而言，一個精心產生的洞察可以彰顯消費者的行為、觀念，以及他們尚未滿足的需求或期望。更嚴格地講，**洞察是站在消費者的角度，而非企業角度**，也就是說，洞察並不是描述企業產品或服務能為消費者提供什麼，而是用消費者習慣的語言描述他們尚未得到滿足的需求。因此，**「與消費者建立同理心」才是一個好的洞察本質**。

洞察必須情境化。它既可以與區域文化相互連結，又可以是某個時刻消費者對某種產品的需求。隨著科技和時尚等行業的快速發展，這種情況越來越普遍，這些洞察必須能提供中短期的活化建議。洞察還要反應重要的消費者需求更替。例如，在第四章的案例研究中，解釋了現代工作和生活方式對飲食消費的影響。

然而，真正的洞察必須以一項基本的消費者需求為基礎，置身於具體生活中，這就意味著：**洞察不能變來變去，但商業傳遞的方式需要根據洞察不斷改變**。希奧多．李維特在他的經典著作《行銷短視症》（*Marketing Myopia*）中強調，企業必須將自己視為一個創造消費者和滿足消費者的組織，而不能用現有的產品狹隘地界定自己。

在二十世紀五〇年代，美國底特律就把產品洞察置於優先於消費者需求的地位，向日本小型汽車產品打開門戶。同樣地，在電腦領域，IBM只是關注產品本身，而沒有察覺到個人電腦的需求，最終敗給微軟Windows系統的電腦製造商。當然，微軟後來又輸給蘋果的IOS和Google的Android系統，在手機領域中，這兩個系統更加吸引年輕的消費者。這些案例說明了成功的公司若想突破現有盈利的產品模式，在不斷變化的市場中建立和激發新的消費者洞察，會是多麼困難的任務。因此，活化洞察不能被看作是一勞永逸的事情。

我們可以在很多行銷著作中看到對洞察的定義，許多公司也有自己的定義。我給洞察界定的涵義：洞察是一種深層事實，它建立在對消費者行為、觀念、體驗和需求的同理心理解基礎上，可以刺激商業機會的突破性思維，使企業能提供更好的服務給消費者。

我們對這個定義進行分解，其中包含以下重要內容。

- 深層事實。正如我們所討論的，洞察並不僅僅是反應消費者行為或態度的某個短暫片段，我們不能據此執行策略行動。不過，洞察也會具有短期的產品情境或是反應消費者行為的短暫變化。

- 理解同理心。洞察必須在沉浸式研究過程中與消費者建立同理心，不僅如此，洞察還應當忠實反應消費者表達的語言和情感。
- 消費者的行為、觀念、體驗和需求。洞察必須界定消費者當下的思考、行為和體驗，從而發現他們尚未得到滿足的需求。我們經常稱之為「困境」。
- 激發突破性思維。這或許是洞察最重要的要素。為了有效地激發策略，洞察必須是新的想法或是必須以新方式進行重整。
- 商業機會。商業並不僅僅是消費者訊息中有趣的那部分，必須具有可操作性，可以讓企業有機會提供更好的服務給消費者。不過，正如我們所討論的，洞察與企業產品無關，是與消費者的需求有關，這一點必須十分清楚。

洞察的架構

洞察應當前後保持一致，那些負責制訂或執行策略的所有利益相關者才能清楚地理解洞察。許多企業都擁有自己的策略架構，以下是我們推薦的架構。

- 目標消費者。指的是消費者是誰，他們的情況是什麼。例如，職業父母認為，工作日的晚上在家裡和家人坐在一起吃一頓健康、自然的晚餐，對家庭關係和健康都很有益處。
- 消費者狀況（困境）。消費者目前的行為和想法是什麼，他們有哪些尚未滿足的需求，能夠產生哪些商業機會。例如，「我想要為家人做可口的晚餐，但我下班回家後沒有時間。」
- 消費者的最後狀態。消費者最後想要的是什麼，他們希望達到的最後狀態是什麼。例如，「我希望在十分鐘內能做出一桌家人都喜歡的健康晚餐。」

如何從數據中提煉洞察

為了充分完善洞察架構，從數據中提煉洞察的過程開始於活化研討，一般會隨著研討的深入逐漸取得成果。有很多創新和認識練習可以幫助策略團隊聚焦最重要的消費者數據並形成洞察，以下來做些簡單介紹。

- 主題收集。將消費者數據整理歸納為主題，這是一種有效且普遍使用的提煉洞察技術，因為它是一種「思考不同數據之間的關係」的簡易方式。活化研討的每個參與者都獨立工作，他們會記錄下在第一階段沉浸式研究中得到的重要觀點。這可以在數據分析中展現出來（見分析的第一步驟），或是從第一階段所做的筆記中獲得（要提醒團隊成員將這些筆記帶到活化研討上）。在便條紙上記錄想法，隨後在小組討論時，把便條紙粘貼在黑板或牆上。

貼好之後，可以在小組內部傳遞這些便條紙，不同的觀點集合成一個群體，當每個群體形成後，就可以對主題進行命名。在沉浸式研究中收集的照片和其他素材都可以囊括其中。一個群體代表一個可以產生的洞察。例如，在開放式案例研究中，我們透過沉浸式談話觀察和聽到消費者談論：由於缺少值得信賴的指導，他們很難去做一些健康的鍛鍊運動；因此，我們把這個群體命名為「我需要一個指導老師」。隨後這一主題轉化為一個重要的洞察，可以去開發新產品和推廣策略。

- 重複提問。對重要的主題不斷重複提出「為什麼」，可以幫助策略團隊建立洞察。這是階梯法的一種形式，重點在於找到消費者最深層想要達到的目的。當得到最有意義的答案時，便可以停止提問。具體操作可參考以下範例。

觀點：「我一個人很難堅持去做健康的鍛鍊運動。」

為什麼？「沒有人給我建議，鼓勵我。」

為什麼？「我需要信賴的人給我建議，幫助解決問題，鼓勵我進步。」

為什麼？「我信賴和尊敬的人認可我的進步，幫助我排除進步的障礙，我就會有動力堅持下去。」

為什麼？「我可以堅持去做適合自己的鍛鍊運動。」

為什麼？……沒有更有意義的答案。

主題：「我需要一個指導老師。」

洞察：「我需要一種更加健康的鍛鍊，但自己很難堅持。我希望有一位老師給我建議，鼓勵我，使我有動力堅持下去。」

- 消費者分析。使用在沉浸式研究中觀察到的消費者詳細訊息去建立洞察。這種方式之所以有效，是因為它可以用真實的方式還原消費者的困境、需求和目標，進而使用消費者的語言去建構洞察。例如，在開放式案例研究中，小組可以回顧觀察中的文本和現場記錄，用消費者自己的語言去表達面臨的困境、追求的目標和沒有得到滿足的需求。然後各小組透過情境化和情感化的方式，將消費者的特點分享給團隊的其他人。他們可以在便條紙上寫下這些特點並進行歸類，然後找出關鍵主題。在建立關鍵主題的洞察前，各組之間可以先相互交流主題，然後加入自己的新想法。

- 重整消費者情境。在第一章瞭解到，走出企業去外部發現新觀點、引入新的聲音，能夠激發企業的策略學習。在建立洞察的過程中，這一方式仍然適用。我們可以重整另一種產品情境下的消費者數據，然後分析成功的公司是如何在這種情境下取悅消費者，進而激發洞察。這能刺激策略團隊之間不同的思維，在活化研討之前或過程中，都可以採用這種方式。

透過專家講解是一個好方式。在下面的案例中，在建立洞察和創新平台前，我們引入一位專家從「人追求漂亮」的角度來討論消費者的世界。一家全球性飲品公司中負責消費創新的策略團隊走訪了很多零售商店，想要尋找有別於雜貨店和大型超商的新零售環境。當建構奢侈汽車的洞察時，我們會去探討諸如頂級時尚品、遊艇、藝術品或傢俱等其他奢侈品。

案例 重整口腔護理的消費者場景

莫娜是一位才華橫溢、有創造力的化妝師，她在好萊塢的攝影團隊工作。她告訴策略團隊：「牙齒現在是時尚品。」她給我們看雜誌封面和廣告上的模特兒，像牙縫名模喬治亞・梅潔格（Georgia May Jagger）一樣，模特兒的牙齒正是她性格和全部外型的一個重要部分。「當我為拍攝照片的模特兒定妝時，我會選擇一些唇膏，讓她的牙齒看起來更白一些。」

在過去六個月，一家口腔護理產品公司的策略團隊，已經在牙齒美白產品上進行過沉浸式消費者研究，現在團隊正在進行為期三天的活化研討，要來建立消費者洞察，尋找新的牙齒美白產品創意，執行潛在的策略行動。

團隊成員以往侷限於口腔護理領域的新產品，但現在他們意識到需要打開思路，對美白產品進行更寬泛的定義。因此，在開始之前他們做了一些功課，包括訪問美國聖塔莫尼卡的美妝專櫃和商店，這是美國美妝的潮流領先地，他們決定在當地一家酒店的會議室舉行課程，這樣可以減少不必要的打擾。目標是在建立洞察、找到吸引他們的新產品思維前，充分瞭解追求美麗的消費者。

莫娜的訪談安排在團隊建立洞察之前，目的是要透過「追求美麗」的語言和文化去啟發整個團隊。在接下來的三天時間裡，團隊形成了二十多個創新策略，並在課程上進行洞察講解，每一種策略都形成策略架構，列出每個想法的優點、以及實現想法所需要的條件，最終找到創新產品概念的最佳思路。

- 站在其他利益相關者的角度進行重整洞察。重整洞察的另外一種方法，就是讓更多的利益相關人士對建立洞察架構進行評論。為此，往往會在課程上要求其他人全程參與，或作為嘉賓談論他所熟悉的領域與策略觀點。這樣做有兩個好處：一是在建立洞察之初將相關組織都納入其中，對於活化洞察可以獲得更好的理解；二是可以在組織的其他區域找到應變型策略，以期點燃新策略行動的思想火花。

除此之外，還可以利用公司內部的網路分析來建立洞察，讓員工發表意見，提出自己的觀點。此外，還可以透過線上社群與新潮的消費者分享洞察。

案例 瓶裝水：活化洞察產品的定位

他是家長，重視健康，對生活積極向上，善於更新知識。他不接受妥協。

——摘自印度的品牌形象

她盡最大可能地享受生活。她相信美國夢。她熱愛自然、朋友，也愛笑。

——摘自美國的品牌形象

作為「日用必需品」，瓶裝水是一種非常複雜的產品，這點令人感到非常意外。根據地理市場不同，它擁有許多文化涵義。在美國，瓶裝水指的是其他（不太健康）飲品如汽水或咖啡的健康替代品。在一些歐洲國家，瓶裝水是地方特產，就像當地的啤酒一樣受歡迎。在印度，它有著區別生與死的涵義，就像一位母親告訴我們的那樣，它可以與孩子學校受到傷寒病菌污染的飲水機連想在一起，也可以與現代年輕的生活方式（例如在健身房健身，穿著講究的西裝）連結在一起。

美國的策略團隊進行了一次「策略學習之旅」，從兩個領先市場（美國和印度）

開始建立「全球性」的產品定位。團隊在美國進行民族誌訪談和創意研討會，舉行兩天的活化研討，建立洞察並對定位的空間形成初步設想。在印度產品團隊的幫助下，定位的空間會轉化為書面概念，這些概念在孟買和德里舉行的創意研討會中也都使用過。

在對兩個市場沉浸式研究後，透過分析消費者的產品訴求，以及他們使用的語言和想像，可以找到潛在的定位策略。這些策略並不能同時在兩個市場上適用，例如「安全」（在美國不會成為主題）和「成功」（在美國和印度千禧世代的表達方式差異甚大）。不過，還是能夠找到一些共同之處，為品牌差異化提供機會。

策略團隊與印度的行銷團隊共同進行第二次活化研討，邀請更多的利益相關人士參與，包括廣告、公關、銷售、研發等。二十五名參與研討的人士一起聽取洞察團隊對沉浸研究分析、洞察以及產品定位初步設想的介紹。隨後，分為五個團隊，根據創意研討會中消費者建立的形象，一起進行研究分析，建立產品定位架構和目標消費者形象。在分享了各自的產品定位架構後，整個小組回顧產品定位的要求，並根據在印度的學習提煉洞察、達成一致意見。最終，策略團隊共同提煉出新的產品定位，並在消費者概念研究中證明其有效性。

確認潛在的策略行動

建立洞察之後，策略團隊必須把注意力集中在「將洞察轉化為潛在的策略行動上」。這一過程可以在前兩次活化研討中開始，不過為了對可能選擇的策略行動進行優先排序，團隊還需要進一步的深化課程。

潛在的策略行動能幫企業找到一個好方案——將洞察轉為更好的服務後提供消費者。在這一階段，目標不在於確認策略行動的有效性，這可以在隨後的階段透過可行性分析和進一步的消費者測試來完成。當前的目標是為新策略的構想創造思維，這些構想至少涵蓋了行銷策略的一個要素。例如，我們可以提出新產品、定價、通路管道或推廣策略，透過這樣的新洞察，為企業提供更好的服務給消費者。

策略團隊作為一個整體需要去設計這一方案，在構想形成的最初階段，應當是團隊每個成員獨自或成員之間兩兩組合，提出各自的想法。研究指出，如果團隊過大，不利於在壓力之下創造出新想法，這不僅僅是因為存在著社交期許的偏差（第六章討論過），同時也是大腦處理新訊息方式造成的（第二章討論過）。

神經學家格雷戈里．伯恩斯提出，策略家為了能從不同的角度看待事物，他們必須用以前沒遇過的事來衝擊自己的大腦，因為大腦為了節省能量，經常偷懶，會尋找一些認知捷徑。人們幾乎是不可能完全排除過去的經驗和不受其他人意見的影響，只有強迫他們的大腦遠離習慣的「懶惰」思考模式，從不同角度看待事物，策略團隊才能真正發揮想像力，產生奇思妙想。因此，為了能夠具備這種差異化思維，參加活化研討的團隊應當進行上面提到的重整活動，從外部引入專家或走訪一些不同的消費環境。至少，組織可以提出一些有啟發性的問題，讓成員進行思維重整，例如以下問題。

- 星巴克或蘋果公司是如何做到這一點的？
- 是否有其他類似的策略案例能提供我們參考？
- 我們的競爭對手會如何根據這一洞察決定自己的策略行動？
- 企業的關鍵能力是什麼，我們在做正確的事情嗎？

活化研討的目的是「決定潛在的策略行動」，為此就要產生許多新思維，包括出乎意料的想法。會議的負責人往往會要求團隊不必過於挑剔早期產生的一些想法，因為這些沒有經過深思熟慮的想法會在後面產生更好的思維。然而，為了避免在無謂的想法上浪費時間，麥肯錫公司建議，找出那些無法得到批准、「行不通」的方案，不過對於「不會發生在這裡」的想法可以棄之不理。畢竟真正的新想法極少，大部分偉大的主意都是建立在過去不斷嘗試的基礎上。正如第一章討論的，許多有效的策略都是對那些已證明能成功的行為持之以恆的結果。這樣的策略也應該被包含在團隊提出的方案裡。

關於是否要在活化研討中安排遊戲時間，或是將活化研討分成數次會議，還存在較大的爭議。心理學家丹尼爾・高曼（Daniel Goleman）認為，只有當我們吸收了產生想法所需的全部訊息後，最好的主意才會出現。例如，在共同研討時，鼓勵從遊戲中產生新想法，在這種方式下，透過創造「意願」來尋找解決消費者困境的新方法。

一旦產生潛在的策略行動，整個團隊應該進行討論分享，找到其中最有前景的方案。其中一個方式就是給團隊的每個成員三次投票機會，讓他選出自己「最心儀」的想法。不過，所有的想法都應該被覆蓋、得到二次評估，確保沒有任何遺漏。團隊選出的最好的想法可以優先進行研究，有些便於執行的想法也可以立即進行改進。剩下比較複雜的策略行動，就需要後期進行調查。

團隊可以決定是否將這些想法在範圍更小的二級小組內進行研討，並把領導責任分配給小組成員，以改進完善這些想法。團隊可以決定是否在整個團隊內進行討論。寶僑集團前CEO雷富禮強調，潛在的策略行動不能僅僅侷限在高層之間進行研究，他建議，要詳細說明策略行動可以帶來的利益、這些利益可以覆蓋的範圍、以及為了實現這些利益，整個價值鏈需要展開的活動。這樣做有兩個好處：一是可以讓團隊透過提問方式對策略行動進行壓力測試，如「成功的前提條件是什麼？」、「為了實現這個行為，需要做出哪些改變？」、「需要哪些資源？」、「這個策略如何改善目前的狀態？」二是可以確定哪些是需要納入的利益相關者。

1. 活化敏捷洞察

出於成本和時間的考量（例如面臨緊急的競爭威脅或市場機制），可能需要快速建立和活化洞察，這就表示沉浸式研究的時間有限。在這種情況下，在一次為期至少一天的活化研討中，需要同時完成沉浸和活化兩個內容。研究的第一階段包括回顧現有知識，列舉問題清單（知識空白）。招募小範圍的消費者圍繞問題進行討論，隨後可以將新的學習內容轉化為洞察。在這一階段，可能會出現新的知識空白，所以需要進行第二次消費者招募，透過提問和回答，對之前形成的洞察進一步研究。最終，會再進行幾次活化研討，進而確認洞察，並確定策略行動。

案例 非處方醫療保健的敏捷洞察

經過一晚良好的睡眠後，你會對第二天有不同的期待。但是我不想吃安眠藥入睡，因為這會麻痺我的身體。我希望享受放鬆、自然的睡眠，第二天可以輕鬆地醒來，充滿力量。

——一位天然助眠產品的女性消費者

一家小型天然助眠產品公司在經歷過產品召回事件後，已經在市場上沉寂了幾個月。策略團隊需要重整旗鼓，但是由於策略學習之旅需要時間，留給他們的預算和時間都非常緊迫，所以他們請我們在一家酒店會議室進行一次為期兩天的活化研討，目標是提出市場定位，在公司現有助眠產品系列中，能夠更好地呈現產品的差異化，同時在產品包裝和推廣方面尋找新方向。

首先，洞察團隊兩人一組提出目前的消費者研究成果，策略團隊根據「品牌定位金字塔」（見第三章），列出需要向消費者提出的問題清單。隨後，招募組建立了中等規模的消費者小組，找出他們的需求、對產品的期望以及對公司產品的認知。進行討論的同時，觀察者會根據消費者的回饋，在便條紙上記錄他們的想法。接著舉行一次洞察活化研討，團隊成員對觀察中產生的發現與想法進行整理，匯總出主題，作為研究產品定位的基礎。

在第一天結束時會再進行一次消費者小組討論，對其中部分主題進行訪談。第二天，團隊分成不同小組，將主題進行分類，分為功能性、情感等不同類型，使用準確的消費者語言找到產品定位的思維。然後，各小組完成各自的產品定位設想，再根據公司產品體系和競品情況進行核實對比，確保自己的方案具有獨特性和區隔化。第二天最後的重點是研究產品的推廣定位與包裝定位。

2. 開放式創新

現在許多公司在進行創新時都會納入外部的合作夥伴。寶僑公司有一個「連結與開發」（Connect & Develop）平台，邀請公司以外的人士為公司具體的策略創新出謀劃策。與此類似，商業性質的群眾外包平台，也可以透過開放競爭的方式為企業提供各種想法和思考。

3.確認行動

在發揮最大認知潛能、確定潛在的策略行動後，還不能立刻付諸實行，一般需要進一步的可行性分析，這必須徵詢企業內外利益相關者的意見。例如，可能需要聽取零售商或生產承包商的聲音。此外，還要進行進一步的消費者測試，確認消費者對策略行動的反應。這需要制訂一個詳細周全的執行計畫。當然，在第一章有提到，策略計畫的制訂過程不會這麼按部就班地進行！在現有一貫的行為模式下，「策略」的產生可能是突發性的。此時，想要確認策略行動的有效性，就需要決定如何從其他地方引入成功的行為模式。例如，一個大客戶團隊設計的零售策略，可能會被其他大客戶團隊改用採納。

章節核心要點

1.「同理心策略過程」的第二階段：活化

「同理心策略過程」的第二階段被稱為「活化」，即策略團隊運用在第一階段形成的同理心理解，進而建立消費者洞察，並運用洞察來合作制訂行銷策略。包括以下三個步驟。

- 分析沉浸式研究數據。
- 建立新的消費者洞察。
- 確定潛在的策略行動。

2.有效洞察源自「數據分析」

有效洞察源自於沉浸式研究數據分析，為制訂和執行策略提供方向、指導。策略團隊在數據分析後應當進行活化研討，課程一般會持續一到三天，目的有三個：一是整合學習內容；二是把學習內容轉化為洞察；三是生成策略行動，並為策略行動做好有效的責任分配。在活化研討中形成的洞察是產生策略行動的基礎。在做進一步的確認和核可前，需要對潛在的策略行動進行劃分和排序。

3. 策略生成技術

策略生成技術包括主題收集、重複提問、重建消費場景等。

第8章

啟發：策略學習的交流

- 在向利益相關者討論行銷策略時，策略敘事的重要性。
- 討論選擇敘事媒體的影響因素。
- 說明使用消費者紀錄片進行敘事的作用。
- 為製作消費者紀錄片提供準備、拍攝和編輯的指導。
- 陳述全球性案例。

開篇案例：用情感洞察激發創造性策略

一家廣告公司的創意總監半開玩笑地說：「快把我弄哭了。」他的聲音太有穿透力了！我們正在重看剛剛採訪的幾位重症過敏患者的影片腳本，研究過敏對他們的情緒影響。這家廣告公司根據患者的情感需求，提出一項新的創造性策略，可以使一種治療過敏的全球性非處方藥物脫穎而出。但創意團隊希望在他們的方案中加入一些消費者的真實生活案例，能更有效執行創意。

在影片中，來自美國德州的中年女士愛麗絲，正在講述重度過敏讓她錯失與侄子、侄女一起尋找復活節彩蛋的活動。正是這樣一個簡單故事，打動廣告公司的創意總監。愛麗絲解釋說：「我本打算安排這次活動讓自己和孩子們一起玩耍，我愛他們，但無論如何我的計畫落空了。和侄子和侄女在一起的時光，我可以體會到生活的樂趣，可以填補沒有孩子的空白。當我無法加入他們時，我感到非常傷心。」

我們為這個專案規劃的「策略學習之旅」包含產品和廣告負責人在內，共有十五人參加，他們透過傾聽這樣的故事來獲取第一手的豐富資料，切身體會過敏病症的折磨。我們請四十位消費者講述自己過敏的故事，並錄製手機影片，放在我們的網路平台。有時，這些影片的內容能看到消費者過敏的嚴重程度，也會訴說過敏對他們造成的情感傷害。我們以這些內容作為基礎，從中選擇二十個消費者進行深度訪談。透過這種初篩，可以剔除部分研究對象，縮短訪談時間，進而節省錄影時間以及現場工作成本。

運用第六章講到的無意識情緒和情感記憶誘引技術，可以清楚看到過敏病症是如何在身體、精神以及社交和工作場合給患者帶來痛苦。患者會有強烈的錯亂感，甚至無法承受自己在生活中的重要角色：母親、父親、充滿愛心的阿姨、部門主管、牧師、教練……過敏讓他們無法實現自我價值，無法融入集體生活，過敏讓他們成為孤島。

產品團隊和廣告團隊的成員親臨現場觀看採訪。完成採訪後，我們立刻在現場舉行洞察活化研討，讓他們可以迅速捕捉個人的直覺洞察，為集體學習做好準備。隨後，研究和影片製作團隊將洞察轉化為圖文並茂的PPT，講述每個消費者的故事，從而激發團隊對創意策略的理解力。此外，影片還會提供每一條關鍵的訊息，真實還原消費者的生活體驗。這些PPT也會提供給範圍更廣的利益相關者，創意團隊與患者建立的同理心成為制訂創意策略和行銷的基礎。

章引言

暫時回到第一章。如果希望在組織內部展開策略學習，並作為制訂和活化行銷策略的基礎，那麼必須建立範圍廣泛、有組織性的同理心，去體會消費者的所思、所想、所為，而這正是第三階段的精髓所在。我們把第三階段稱為「啟發」，意在與消費者建立廣泛的同理心，以此作為制訂規劃型和應變型策略的基礎，從而進行深度洞察的交流。

啟發階段的策略目標

啟發階段有三個重要的策略目標，具體內容介紹如下。

(1)在利益相關者間啟發具策略性的行動。第一章中提過，策略學習是如何從個人和團隊開始的，但在組織層面必須變成制度化的安排。因此，行銷策略團隊必須對更多的利益相關族群進行啟發，讓他們對消費者也能有更加深度的理解，從而構成新策略行動的基礎。這個族群包括組織內部眾多的行銷策略人員，他們負責執行規劃性的行銷策略和制訂突發性的行銷策略。這個族群也包括外部的利益相關者，例如廣告公司、購物行銷、公關公司、銷售夥伴、投資人、非營利機構或捐贈者等。

(2)建立可持續策略學習的好奇心。從長期來看，我們希望對企業、對消費者的同理心可以在一個變化的環境中成長和進化。正如良好的人際關係需要不斷更新一樣，企業對消費者的直覺、以及產品與消費者之間的關係，這些都必須不斷加強，進而滿足消費者的需求，鞏固品牌價值。策略同理心不是靜態的，而是隨著消費者以及消費情境的變化而變化。因此，要與組織內外廣泛的利益相關族群一起分析團隊的策略學習，這可以成為未來學習和激發學習好奇心的基礎。

(3)將共同的理念賦予員工和其他利益相關者。同理心策略的範圍不應該侷限於策略制訂團隊，應當覆蓋組織的全部人員。日本經濟策略學者野中郁次郎指出，組織不是一台機器，而是活的有機體，對身分和目標擁有集體認知。因此，同理心策略不只是行銷或策略部門的工作內容，「與消費者建立同理心」是和企業每一名員工息息相關的，它可以啟發員工共同的認知，認同和信任企業對自身品牌、產品和服務的理念，以及有能力提供更有價值的產品去滿足消費者需求。員工、志願者、供應商和消費者都願意為一家宗旨明確的企業工作或合作。從這一點來講，更廣泛的制度化同理心策略對企業的諸多方面都非常重要。

之所以把同理心策略過程的第三階段稱為啟發，是希望進行廣泛的策略學習交流，展示其作用和重要性，從而激發學習、責任和執行。我們透過策略敘事來實現這種交流。本章將介紹策略敘事是什麼，還有它為什麼有效以及如何操作。

行銷策略團隊的挑戰不僅在於行銷策略本身，還必須要與聽眾建立聯繫、培養同理心，將目標、策略和品牌價值融入他們的生活中，這就是我們所說的策略敘事。現在大家都意識到，在交流行銷策略時敘事的重要性，並且都相信策略家應當成為一名優秀的敘事者，可以激發變革性的策略行動，推動品牌的發展。人力資源專家預測，在未來幾年，敘事將成為洞察和策略高層主管必備的三大技能之一。

為什麼在傳遞策略訊息時，敘事如此重要？神經生物學、心理學和人類學都可以幫助我們理解這一點。在與消費者建立同理心時，講述一個好故事非常有效，因為故事可以引發大腦去回應敘事者表達的想法和情緒。神經系統科學家已經證實，敘事可以促使敘事者和聽眾雙方大腦相同的部位同時興奮。這表示聽眾不僅是在聽故事，而且是在進行情感交流。其他研究證據也顯示，帶有角色的故事會持續引起大腦後葉催產素的合成。催產素是一種神經化學物質，可以促使人類產生同理心。生動而富有情感的故事可以讓複雜的訊息深入人心。

人類學研究成果也可以幫助理解敘事的情感作用。故事的最原始形式是神話。李維史陀指出，儘管神話看起來是隨意杜撰和令人無法理解，但它們跨越了不同時期和區域的人類文化，這令人感到驚奇。神話試圖滿足人類建立精神秩序的基本需求，可以幫助人類理解他們是誰以及從哪裡來，因此人們願意相信神話。很多文化擁有自己版本的創世神話，這可以解釋自然世界是如何形成的，以及人類是如何存在和達到比其他動物更高的文明。

心理學也有助於理解敘事的結構。早在二十世紀二〇年代，榮格就指出，在沒有明顯外部作用下，我們夢中經常會出現神話主題。榮格把這些神話圖案和模型稱為「原始意象」或「原型」，他認為這些東西構成人類無意識的形象，他稱為「集體潛意識」、「遺傳的」心理系統。集體潛意識是指「我們祖先的精神生活回到最原始狀態」，它會持續不斷地影響有意識的思維。因此，儘管原型本身是無意識的，但仍然可以在敘事、藝術以及夢境中進行有意識的表達。

榮格提出很多原型事件，例如生老病死；原型人物，例如母親、孩子、老人；原型主題，像是血。原型具有的遺傳性和普遍性，可以解釋為什麼它們會出現在不同時代和不同文化的神話故事中。最原始的文化可以追溯到西元前三世紀蘇美人的《吉爾伽美什史詩》（*Epic of Gilgamesh*），它的另一個版本是《聖經》（*Bible*）中記載的大洪水。直到今天，好萊塢仍會在電影探討這個主題。

集體潛意識（現代又稱為「客體的精神」）是強化直接意識或個體心理的基礎。榮格認為客體的精神將人類聯繫起來，使人類彼此之間產生身分認同和同理心。透過個人意識與客體精神的融合，一個人可以實現個性化或自我的完全實現。作家克里斯多福．布克（Christopher Booker）研究榮格的理論後提出，故事作為一種實現個人身分或表達自我完整性的方式，可以塑造一些有限的原型和角色來詮釋普世的訊息——即人類的旅程以及其中的障礙與危險，為了尋求人與人之間的平衡、聯繫而努力。

本章接下來的內容將講到如何創作一個故事，上述的理論框架對理解這點非常有用。然而，我們首先需要確定一點，那就是要弄清楚為誰創作故事，也就是我們的目標聽眾是哪些人。

確認策略敘事的聽眾和敘事方式

在擁有數千名員工和利益相關者的企業中，將行銷策略付諸實踐，並透過敘事與消費者和客戶建立同理心，是非常具有挑戰性的。因此，在同理心策略過程一開始，就應該考慮哪些聽眾能透過敘事使企業的策略學習制度化，並且針對不同的聽眾，選擇不同的傳播媒介。

首先，**要考慮成為策略敘事對象的類型**。這些對象是如何接收訊息，他們需要的訊息應該要詳細到什麼程度。例如，高層主管時間寶貴，他們需要高度精練的行銷策略。與之相反，產品設計者更在意細節，他們需要從高度視覺化的細節中獲取靈感。像之前在過敏病症案例研究中看到的，廣告創意者需要從日常的生活情境中獲取創作靈感。因此，針對不同類型的人員，有必要花上一些時間認真思考，他們需要什麼樣的訊息去活化行銷策略，賦予他們需要的靈感。

其次，**需要考慮哪些媒介能夠最有效地將訊息傳遞給目標聽眾**。例如，附有文本說明的三分鐘影片或是附有短影片的投影片，這對於時間觀念非常強的高層主管或零售採購商更合適；而時間更長的錄音或是內容詳細的影片，對需要花上幾個小時乘坐汽車或飛機出差的銷售人員而言更為貼切；線上互動媒介對坐在辦公室的人則更為直接。

在考慮敘事媒介時，目標盡可能視覺化、生動地進行交流。相比文字，人們更容易記住圖片，研究證明，圖片可以有效地觸發人腦中相關區域的功能。研究還顯示，展現人物形象的圖片，尤其是帶有情境的圖片，最容易被人們記住。二十一世紀我們會追逐電視中的真人，例如卡戴珊家族在社群媒體中不停講述自己的生活故事。行動圖片比靜態的更加令人印象深刻，儘管有很多視覺化媒介存在，但目前影片仍然是最有效的策略敘事媒介，當然影片製作的複雜程度和成本也最高。

一般使用的媒介方式包括以下幾種。

- 影片。影片可以使用手持相機或是靜態相機進行拍攝，也可以使用三腳支架。本章後面內容還會提到許多不同的影片編輯方式。我喜歡利用二十到三十分鐘的紀錄片來敘事，對關鍵點可以透過文本投影片的方式進行輔助講解。還可以為高層主管準備一個二到四分鐘的短片。不過，在播放投影片時應該加入一些連結，展現消費者的形象和聲音。

- 投影片簡報。這是大家最熟悉的交流方式，尤其是對於高層主管。對敘事而言，做好投影片還是有一定的難度，因為它所表達的訊息架構比較僵硬，但是製作成本較低。下面是一些簡單的技巧，有助於清晰敘事：

——製作原型，將不同的消費族群進行擬人化處理。

——使用背景照片。

——逐字逐句引用消費者的語言。

——使用外觀頁面製作設計說明、用戶生活化照片或其他形象。針對設計和創意類型的聽眾會更廣泛地使用照片，既可以用來激發靈感，也可以呈現他們的工作。展示消費者的圖片更具符號學意義，能更引起人們的關注。

——製作配有旁白的動畫投影片。雖然這樣做的成本並不比影片低，但可以最大限度地容納文字和圖表。

- 公開免費的展示工具。例如，Prezi（一種展示文件的軟體）或是StoryMaps

（故事地圖），可以更加動態地展現數據和圖片。

- 印刷品。例如，圖書或卡片。許多地方都提供這樣的服務，而且價格合理。雖然製作費用較高，但相比其他媒介，讓人印象更為深刻，尤其是放在書架或書桌上，更有說服力。
- 內部網路。許多企業都有內部網路可以接觸到企業數據，例如銷售數據、上傳的客戶研究報告等。理論上講，這可以讓利益相關者不斷地進行學習，但實際上由於數據量太多，很難順暢並有說服力地講述故事。現在許多大公司都會使用客製的操作介面，將來源眾多的數據整合在一個展示頁面。
- 企業內部空間。例如，如果空間允許，可以建造一個「展覽室」，展示消費者原型以及他們的生活圖片、影片、海報、手工製作品等，以一種體驗的方式呈現消費者的生活細節。一些企業會特別規劃這樣的空間，有的企業則會利用走廊或大廳等空間。

此外，設計師會經常使用一些概念性的裝備作為設計靈感的來源，這也是他們設計過程中非常重要的部分。這類設備並非起源於生活，不是為了策略敘事而是為了設計，但在沉浸式研究中，也可以成為活化洞察的重要來源。

- 社群媒體。經過消費者授權後，可以用來發布關於消費者的研究情況。
- 內部會議。這是進行消費者研究交流的一種重要方式。例如，在一個加盟商會議上，我們對加盟商的參觀進行民族誌訪談，然後將訪談內容匯總後，製作成一個圖表豐富的投影片，還為訪談製作影片。我們在一次銷售會議上展示這些內容，然後用脫口秀的方式介紹當時在場的參與者，現場解答與會者提出的各種問題。

為了進行更好的同理心交流，我們強調策略敘事的視覺化和生動性。因此，除了考慮聽眾和媒介，在研究工作之初就必須計畫好需要收集的消費者內容。這些內容既可以是消費者自己提供的，也可以是研究人員製作的，但內容都應該是記錄消費者的生活。

為敘事收集內容

策略敘事者不會像真正講故事的人般栩栩如生地描述，必須透過真誠的交流，使用真實的人物（在研究中遇到的消費者）去建立同理心。行銷人員可能非常想使用剪貼畫、影片庫、虛構的消費者語言等製作展示內容，傳遞想要表達的訊息。畢竟，電視廣告也是如此做的。但是，**在策略敘事中，真實是最關鍵的要素**，原因有以下幾點。

首先，研究計畫必須要尊重每個訪談的對象，不能歪曲他們的形象或故事。基於同樣重要的理由，從策略角度講，我們必須聽到他們真實的聲音。過度加工和解讀消費者的語言、濫用影片腳本，這都會讓訊息和策略的意圖失真。這樣製作出來的故事會錯過很多細節，無法激起新的洞察。這麼做看起來更像是「行銷宣傳」。

真正的故事來源於真實的消費者，可以激發真正的同理心，產生新的消費者洞察。之所以這樣，是因為人的大腦善於區分真實的和虛構的情感。加上社群媒體和電視文化的主導，表示對二十一世紀的聽眾而言，真實的故事才是最重要的。不管理論依據是什麼，都應該使用原汁原味的消費者內容，並據實加工編輯。只有當策略敘事中確實無法避免時，才可以小心翼翼地使用剪貼畫、影片庫、虛構的消費者語言。

第五章所講的沉浸式研究方式可以提供豐富的人物和場景展示，包括影片、錄音、照片（包括線上照片和影片）以及其他生動的方式。經過消費者授權、並對消費者身分進行保密，他們的自拍、日記、照片、手機影片、相簿、繪畫等都可以進行展示。

保護消費者的隱私至關重要。美國市場研究協會就標準規範：要求研究者保護研究對象的隱私，未經許可不得向第三方洩露任何數據。而且要求所有收集的數據必須用於研究對象許可的目的。因此，需要讓研究對象清楚地知道，他們的照片將提供給研究團隊以及研究贊助客戶進行分享，但不會用於任何公開促銷用途。可以讓研究對象簽署書面同意書。招募研究對象的機構一般會採用這種手段，但應當對同意書的內容進行審核，最好是制訂適用於該研究專案的版本。

我們需要重視消費者素材以及類型。行銷人員犯的最大錯誤是沒有為高等級的展示收集到品質夠好的內容（尤其是影片）。家庭製作的影片內容真實、品質可靠，但缺點在於容易使聽眾分神，無法集中精力尋找需要的訊息。與之相

表8-1 「啟發」階段計畫清單

在「啟發」階段，需要考慮以下事項。

- 誰是目標聽眾？
- 哪種敘事媒介對目標聽眾效果最好？
- 需要收集哪些類型和什麼品質的素材？
- 預算對素材收集的影響有多大？

反，製作精良的影片可以反覆使用。如果覺得專業的手持相機成本較高，可以考慮用高品質的照片和錄音代替。

案例 多媒體敘事：電玩遊戲

巴黎有一群大約六十人規模的聽眾，他們大部分是負責歐洲、中東和非洲市場的行銷和創意人士。他們來到一個房間，四周都是巨大的海報，每一張都展示消費者的原型，上面的內容是消費者用自己的語言描述為何他們喜歡電玩遊戲。每一位聽眾都有一本裝訂好的手冊，包含八種消費者類型，並用消費者的語言分別進行描述。投影片透過圖片和文字生動地展現消費者原型的生活，講述電玩遊戲為什麼以及如何融入他們的生活，並滿足了他們的情感需求。為了展現我們採訪的最具代表性的消費者，每一類的消費者都會有單獨的五分鐘影片。

這是策略團隊進行的第二次展示。第一次是在幾週前的洛杉磯，是為美國團隊而做。為了更理解不同類型遊戲者的動機和需求，一家全球電玩遊戲公司展開了一項突破性的區隔市場研究。就這家公司過往的歷史，他們是以男性遊戲者為目標用戶，集中在流行的主機遊戲。然而，隨著家用遊戲機的興起，消費環境發生了變化，遊戲被家庭和休閒玩家所接受，例如《舞力全開》和《大富翁》。

與此同時，越來越多女性開始在掌上遊戲機或手機上玩俄羅斯方塊等益智遊戲，她們發現，這些遊戲可以簡單快速地填補她們在工作和家庭生活的空閒時間。這家公司意識到休閒玩家所帶來的發展機會和廣闊前景，這次研究就是為了對這些目標遊戲者進行劃分。這次研究非常具有綜合和想像性，由消費者研究總監設計，他是一位心理學家。每個劃分都依據不同的指標，包括重要的人口統計數據（例如年輕女孩，三十到五十五歲的女性等）、參與和購買遊戲的態度和行為、情感訴求（例如消磨時間、證明自己聰明）、參與訴求（例如想要參與比賽、自己能夠體驗到歷史級的配備等）。

我們的任務是還原每一類族群的生活，為此設計一套綜合性的方法，探索這些對象的遊戲動機與行為。研究方法包括一對一深度訪談，父母與孩子兩人一組，以及朋友之間三人一組在家中進行訪談。傑夫．邁爾斯進行全程錄影，最後，每一類族群超過四十小時的腳本被編輯為五分鐘的短片。影片以及小冊子、海報、投影片等匯總後，進行多媒體展示，讓負責設計、程式、行銷的公司員工可以對遊戲進行創新。在後來的兩年內，該公司銷售額首次突破十億歐元。

人物敘事

研究證實，有說服力的故事會讓聽眾與人物角色建立同理心，他們對我們來說是真實的，因此，我們關注發生在他們身上的事情。人物敘事是一種「將重要、有意義的訊息帶入聽眾生活」的方式，由來已久。大約在三千年前，《荷馬史詩》（*Homeric Epic*）中像人一樣的神和像神一樣的英雄故事，就是人物敘事的最早形式。《荷馬史詩》是否虛構，其中的角色和場景是否在歷史上真實存在，我們無從得知，但是從敘事角度來看，這無關緊要。

正如李維史陀指出，對於沒有書面文字的社會而言，神話先於歷史而存在，作用在於使未來的人對現在和過去保持信仰。這些動人心魄的故事釋放出當下和未來的「策略性」訊息，可以激發人們對古希臘英雄主義的自豪感。大約在四世紀，希臘三大悲劇家艾斯奇勒斯（Aeschylus）、索福克里斯（Sophocles）和尤瑞皮底斯（Euripides）給了相似且意味深長的訊息。他們透過戲劇方式，以神的形式反應了人與命運的悲劇抗爭，賦予觀眾認識自身存在和意義的全新洞察。莎士比亞（Shakespeare）繼承了這個歷史傳統，透過突出個人角色、動機和選擇「真實」的歷史，把哈姆雷特（Hamlet）和布魯特斯（Brutus）這樣的英雄人物細緻入微、完完整整地還原到生活中。

如果不考慮創作年代，這些文學家已經表現出高超的敘事手法，呈現這些人物在人生旅程中的快樂、痛苦以及反轉。像灰姑娘中的男主角或女主角，在抵達人生幸福終點前，總要經歷恐懼或悲傷的黑暗時刻，從而引發觀眾對未來期待的共鳴。又或是像伊底帕斯（Oedipus）、唐・德雷柏（Don Draper）和睡美人，都是經歷痛苦與反轉，從命運的悲劇中走出來，最後在或喜或悲的結局裡結束自己的人生。

敘事者必須能夠激發聽眾的緊張感，這樣就可以抓住他們的注意力，讓他們與故事中的人物建立同理心。作家克里斯多福・布克詳細解釋了各個年代的故事是如何使用各種方法去創造緊張感，與讀者建立同理心，例如恐懼、懸念、困惑和分裂、驚喜、神話、興奮、奇蹟和期望。學術界在研究優秀故事的要素後，得到了類似的結論。

一般來說，一個構思巧妙的故事都必須敘述以下幾種內容。

- 展現主人公為實現目標所付出的努力。

- 告訴聽眾，主人公及其他角色的所思所想。
- 讓人深刻理解發生在主人公生活中的個人轉變或變化。
- 講述在衝突中或轉折點時的主人公。
- 具有清晰的開始、過程（衝突或轉折點）和結局。

消費者紀錄片

消費者紀錄片是我最推崇的敘事媒介，因為內容兼具人物和情境，既可以展現行銷情境下的消費者行為，也可以展現他們的想法、感受和動機。運用敘述手法和緊湊的音樂，可以很容易建立戲劇的張力。

消費者紀錄片起源於早期的人類學電影，它將背景、以及社會現實或存在體驗視覺化。研究人員花費很長時間與研究對象待在一起，攝影機就像是他們的眼睛和胳膊一樣，記錄下全部的過程。記錄不是剪輯，而是原汁原味地記錄行為和場景。早期的典型民族誌影像是羅伯特・佛萊赫提（Robert Flaherty）拍攝於一九二二年的《北方的南努克》（*Nanook of the North*），片中真實又緩慢地再現因紐特人的生活場景。一位影評人盛讚它「如同製作標本一般真實」！這些早期影片對於鼓勵理解研究對象、建立信任關係方面，具有重要影響力。

消費者紀錄片不同於其他類型的紀錄片，有其行銷策略目的和情境。它將民族誌影像和紀錄片兩種方式融為一體，會像早期民族誌影片的拍攝者一樣，與研究對象待在一起，但時間是半天，而不會長達六個月。

我們是社會生活的獨立觀察者，但會基於行銷策略目的對訪談內容進行設計。我們公司的消費者紀錄片由傑夫．邁爾斯（Jeff Myers）製作，他是一位經驗豐富的紀錄片攝影師。以下是他的導演筆記，供大家參考。

> 民族誌紀錄片的製作融入多種方式，我更多時候是從紀錄片的角度去完成拍攝，有時我們也會製作一些微型紀錄片。但大型紀錄片的細節更為豐富。例如，居住的房子、穿的衣服和吃的食物，所有這些內容都可以表現研究對象。
>
> 螢幕裡的每個人都是3D人物，如果不聚焦這些人物，那麼他們所給予我們的訊息就沒有任何意義。拍攝時盡可能保持中立，這樣收集到的所有訊息可以保證腳本的真實性，透過認真細緻的剪輯，形成最後的版本。

在我們理解消費者的故事後，就需要將其思想中的情感紐帶引入影片中。我們會勾勒出紀錄片的情境，決定我們希望觀眾得到什麼樣的感受。在我看來，我們所做的研究應當像微電影一樣去講述故事，需要人物角色和情感紐帶去吸引觀眾，目的是能提供深刻的消費者洞察。消費者紀錄片應該要幫助客戶決定：如何完善自我能力去滿足消費者的需求。

影片拍攝指南

1. 準備

拍攝消費者紀錄片需要在現場研究開始前做好充分準備，尤其是需要與導演討論拍攝細節，具體如下所示。

- 是室內還是室外拍攝。如果是在消費者家中拍攝，光線條件是否理想，是否需要補充光線？

- 拍攝的開始和結束時間。在訪談過程中光線條件會不斷變化，例如在傍晚的時候光線較差。
- 受訪者是全程坐著，還是可以來回走動？需要單腳架還是三腳架？
- 計畫採訪多少人，這會影響錄音技術的選擇。
- 如果需要受訪者完成某些任務，是否需要「隨身錄影機」？如果我們要觀察受訪者在做什麼，例如在商場購物，如果沒有攝影機怎麼辦？又或是希望受訪者在一個擁擠的角落做一件事情，例如展示浴室的壁櫃，這時隨身錄影機就會派上用場。
- 是否需要不同的拍攝角度，要另外準備其他攝影機嗎？例如，不只一個人會接受採訪。拍攝電影需要同時使用很多台攝影機，但是拍攝消費者紀錄片時，出於成本考慮，一般只會使用一台。

以下是傑夫．邁爾斯的導演筆記，提供參考。

拍攝紀錄片時我主要會使用SONY EX3專業攝影機。這是大型攝影機，在光線

較暗的情況下仍然可以保持良好的拍攝效果，而且有固定長焦鏡頭，影格率可以達到60FPS（FPS，每秒顯示影格數），而且還有XLR音頻接口。這樣可以輸入想要的畫面效果，然後保存參數設置。

我喜歡色彩豐富、略顯飽滿的畫面。為了保持影片效果，我們拍攝是每秒24FPS。拍攝時三腳架上有懸臂雲台，可以讓攝像機保持動態。我們經常是在家中的廚房或客廳拍攝，這些房間都有窗戶，如果是在白天，會選擇利用自然光。如果是晚上，會找一把椅子架設投射燈。我還會攜帶LED燈以備不時之需。

請記住，我們採訪的目的是要聽到受訪者的話，所以錄音非常重要。我們使用森海塞爾（Sennheiser）無線領夾式麥克風，可以夾在受訪者的領口，這種麥克風體積很小，而且音質很好。無線麥克風的缺點是需要不停地尋找噪音最小的頻率，在採訪過程中需要不斷進行調試。作為補充，我還會攜帶森海塞爾槍型指向麥克風。無線麥克風的好處在於受訪者可以隨意走動。還有一點很重要，就是為主持人和受訪者準備不同的錄音，很多時候我們會把採訪者的提問從影片中切掉，但有時又需要聽到問題。透過不同的頻道，我可以在後期輕鬆地進行切換。

在編輯室，我一直希望可以使用第二台攝影機。但我們不可能在每次訪談時都架設兩台大型攝影機，使用小型的更為方便。GoPro運動相機可以為我們提供第二個拍攝角度。在錄音中失去的東西，可以用GoPro運動相機拍攝進行彌補。攝影機的畫面效果毋庸置疑，但內置麥克風的效果不敢恭維。

我們致力於在工作中運用最先進的技術和設備，Canon XC10就是一款我很喜歡的相機。它看起來非常特別，解析度達到4K，而且擁有定焦鏡頭，小巧輕便，但缺點是沒有XLR錄音輸入接口。但可以與配有XLR錄音輸入接口的ZOOM錄音機、以及上面提到的無線麥克風搭配使用。這是一個比較合適的解決方案，但在編輯室進行剪輯時，必須同步做到所有這些事情。如果只是拍攝一次訪談，那沒什麼大問題，但如果是十七次訪談，每次都持續三小時，這些配置顯然是不夠的。必須找到能夠滿足需要的裝備。

拍攝之前，首先要獲得受訪者的拍攝許可。如果受訪者拒絕拍攝，那麼所有的準備都徒勞了！我們會提前讓受訪者簽署「拍攝同意書」，規範除了使用在廣告宣傳外，其他影片使用的權利歸我們公司所有。然而，獲得這個權利並不能完全免除保護研究對象秘密的責任。我們從來不拍攝會洩露受訪者身分的內容。例如，信件上的名字、地址以及其他可能確認位置的訊息。未獲得監護人許可前，也不會拍攝未成年人，除非是拍攝必需，不過一般都會規避這些事情。同樣的，沒有書面許可，也不會拍攝其他家庭成員。如果是在公共場合拍攝，不會在背景中收錄其他人。如果偶然發生這樣的情況，我們就不會使用這個腳本，或是會在後期製作時對人臉進行模糊處理。

2. 拍攝

當我們第一次接觸將成為拍攝對象的受訪者時，會迅速讓他們放鬆下來，在架設相機和錄音設備時，與他們保持融洽的關係。在第六章討論過與受訪對象建立融洽關係的重要性，以及應當注意的事項。儘管已經獲得書面拍攝許可，但攝影機的存在仍然會讓受訪者產生戒心，所以在拍攝之初就必須把他們的緊張情緒最小化，從而避免攝影機成為訪談的障礙。研究人員應當圍繞訪談主題，輕鬆地與受訪者交談，放鬆他們的情緒，與他們建立信任關係，為攝影師做好拍攝準備時爭取時間。

民族誌影片攝影師布魯諾・莫耶（Bruno Moynié）把他的工作描述為「吸引」採訪對象，目的不僅是建立表面的融洽，更是要達到深度的愉悅和舒適，讓受訪者完全忘記攝影機的存在。「同理心策略過程」第三階段的最終目的是「啟發對消費者的同理心」，拍攝消費者紀錄片的目的就是要幫助策略團隊瞭解消費者的所思、所想、所為。如果研究人員和攝影師無法與受訪者創造同理心關係，就不可能在鏡頭中真實地記錄下他們的情感和體驗。

我曾經觀察過一位經驗豐富的民族誌訪談者，在一次關於汽車的家庭訪談中是如何保持中立與受訪者相處的。她控制自己對受訪者的回應，減少研究過程的主觀性。不幸的是，整個過程看起來就像是可憐的受訪者在外力強迫下不得不去講話，導致的結果就是拍攝腳本中的人非常不自然，就像是被車子大燈照射時受到驚嚇的兔子！

為了拍好紀錄片，研究者必須與受訪者保持互動，不能像是一般的問答形式，更應該像是平等主體之間自然隨意的溝通交流。有人認為不能控制社會研究過程的主觀性，而是應當接受這樣的觀點，畢竟觀察者的獨特性和個性會一直存在，因此必須承認、探討並創造性地運用這一點。在拍攝激發同理心策略的影片時，這一點尤其正確。

和拍攝對象建立一定程度的舒適關係，布魯諾．莫耶將此描述為一種工作本能。他舉銷售員的故事為例，這些銷售員會本能地模仿消費者的身體語言或口音去建立彼此的融洽關係。我身為一個在北美工作、以英語為主要語言的女性，口音對我而言太難模仿了！不過，我發現自己很善於模仿受訪者積極的身體語言，尤其是微笑和眼神交流。我會避免穿著引人注目的衣服或佩戴昂貴的首飾，總是遵從當地女性的穿著打扮。

在許多文化中，分享茶點或談論親朋好友，是建立融洽關係的好方法，我就是這樣做。莫耶也強調，一定要找到與受訪者交流的切入點。要做到這一點，要求研究者保持中立非常困難。不過，我認為如果訪談主題具體明確，而且探討的文化背景非常有吸引力，那麼整個交談就會非常流暢。受訪者經常告訴我，從來沒有人能像我這樣去傾聽，在我看來，這是一種認可。

需要拍攝的訪談一般都會有觀察者（學習之旅的團隊成員）參加。他們作為訪談工作的一部分，可能會阻礙研究人員與受訪者之間建立和諧關係。最糟糕的是，他們會分散受訪者的注意力，使訪談變成例行公事。因此，需要提前提醒觀察者在訪談過程中保持安靜。

我們有一張一頁的觀察者注意事項，會在進入訪談現場前，向學習之旅的團隊成員進行詳細講解。內容主要包括：受邀後再提出問題，不能隨意介入訪談，不能穿戴標示有工作單位或品牌的衣服，尊重受訪者的時間、個人空間和文化。尤其重要的是，一定要提前向觀察者講清楚訪談的具體環節，這樣他們就不會成為研究人員努力建立同理心時的障礙。當訪談的具體地點徵得受訪者同意、並且在攝影設備到位前，我們會讓觀察者保持等待狀態，提醒觀察者關閉手機。

研究人員和拍攝者必須對訪談的進展方向達成一致，我們要確保能獲得高品質的腳本，為後面的敘事所用。研究人員必須指引拍攝者拍攝一些自己需要的詳細鏡頭（例如產品或房間設備等）。拍攝者需要告訴研究人員，受訪者應當重複哪些行為，以便於他們補抓鏡頭。總而言之，研究人員與拍攝者的溝通不能打斷進行訪談的流暢度。因此，拍攝者應當站在研究人員的角度，不能試圖去影響受訪者，因為這會增加新的訪談主觀因素，中斷受訪者敘述自己的情感故事。

在消費者研究中，越來越盛行採用民族誌方法，因此自省性問題變得越來越重要。所謂自省性，就是研究人員在民族誌研究中的自我反省以及對研究工作的影響。真正的民族誌影片追求的是原汁原味地記錄發生的一切，這與拍攝中的「導演」工作是自相矛盾的。不過，需要強調的是，我們並非要求受訪者做出一些非常規動作，或是提前寫好劇本。只是請受訪者重構我們之前看到或聽到他們的所言、所為，如此能幫助我們更好地獲取這些內容，以便在策略交流中使用。

為了確保拍攝腳本可以輕鬆剪輯，訪談者需要掌握一些技術。首先，受訪者講話期間不能發出任何雜訊，因為這可能會被麥克風捕捉到。當我第一次拍攝訪談時，我驚奇地發現自己總是大聲鼓勵受訪者，不停地發出「啊，啊」、「我明白」，以及笑聲或表示同情的聲音。這些全部出現在錄製的聲音中，使最終的剪輯效果大打折扣。同樣的，如果在訪談過程中出現外部雜訊（例如汽車喇叭聲、電話鈴聲、狗叫聲），可以暫停訪談，稍等片刻，重複提問。其次，可以指導受訪者重述某些重要內容原本的說詞，如果需要進行點評，還可以讓他們再次重複，確保整個過程沒有「啊」、「嗯」這樣的雜音。如果需要拍攝受訪者的某些行為，也可以讓他們多重複幾次。

以下是傑夫．邁爾斯的導演筆記，提供大家參考。

表8-2　拍攝消費者訪談的注意清單

- 提前向觀察者說明相關的注意事項，視狀況考慮是否採用正式的觀察者注意事項清單。
- 在架設攝影機的同時，透過提出一些簡單的問題，迅速和受訪者建立彼此的信任關係。
- 對研究主題和文化背景進行簡要介紹；運用自己獨特的方式與受訪者建立情感聯繫。
- 在拍攝過程中與拍攝者保持溝通合作。

一個陌生人邀請你進入他家中，並且和你分享生活中很私密的細節，因此，一定要保持尊重。當到達受訪者家中時，我們沒有太多時間可以浪費。我考慮的第一件事是光線，不要擔心光線太暗，昏暗總比一片漆黑好。不要忘了，最重要的是他們說什麼，我們的工作就是透過拍攝讓這一過程更加有趣，確保你的拍攝工作一切順利即可。

我總是讓受訪者在畫面偏左或偏右一點的位置，讓採訪者在他們的對面。我認為採訪者應該儘量靠近攝影機，這樣受訪者的眼睛可以正好看到一點鏡頭的左邊或右邊。在我看來，如果能夠在訪談時看到受訪者的眼睛，這可以創造融洽的氛圍。要保證受訪者總是對著麥克風說話，如果他們向左看，那麼就把麥克風置於他們的左側。如果麥克風遠離說話者，再好的麥克風也無濟於事。

我考慮的第二件事是深度和背景。不要讓受訪者對著牆，那樣畫面會呈現扁平和壓迫感，畢竟從一面白牆上你無法得到更多的訊息。選擇與主題有關的背景，如果談論食物，我們會以廚房為背景。當需要從他們準備的飯菜中獲取訊息時，我們就可以去看看他們的廚房。另一個小技巧是：為每個新問題切換鏡頭，這樣可以產生節奏的變化。

如果運用得當，慢動作可以讓內容更加有感染力。我喜歡從遠處拍攝這樣的慢鏡頭。在醫藥用品的案例中，攝影機和受訪者之間的距離可以呈現患者在這些時刻想要表達的孤獨感。每個鏡頭都應當深化故事的效果。

當我們在移動的時候，我會綜合使用單腳架和手持攝影機進行拍攝。我喜歡這種手持的感覺，可以增加當下那一刻的真實感。在我手中，我能感到攝影機是最鮮活的存在。但有時，你無法控制攝影機，在變焦時可能會有晃動，所以我會使用單腳架。這樣可以讓攝影機保持足夠穩定，但仍然有手持的感覺。

3. 剪輯

對腳本進行剪輯一般需要兩週時間，為了達到理想的效果，需要具備以下特點：影片能夠表現關鍵洞察、吸引人觀看、能激發策略行動。剪輯的過程分為四個階段：劇本寫作、粗剪、終剪和成片。

- 劇本寫作。紀錄片的剪輯，開始於寫作劇本，這需要由策略團隊的研究人員或行銷人員，在專業影片製作者的幫助下完成。劇本是作為行銷策略的首要支撐，內容需要凸顯關鍵洞察和策略意義。但同樣重要的是，要激發故事的張力，吸引觀眾的注意力，引導他們與劇本中的人物和故事建立同理心。導演對劇本製作至關重要。

在下面的嬰兒產品案例研究中，呈現出責任感在保護嬰兒安全中的重要性，從而與紀錄片中的角色建立同理心。在將產品與「幸福的重點」、「希望」建立密切的連結之前，我們激起這些母親記憶中的恐懼和困惑。優秀的訪談劇本可以更加生動地講述故事，因此研究人員要記下訪談過程中的某些話語或具體的鏡頭、以及受訪者說這些話的時刻，這些更能表現訪談的內容。有需要的話可以在影片腳本之外製作短劇本，這也是非常有用的。

在編寫劇本時必須考慮時間長度。對高層主管而言，兩分鐘或許比較合適；但對於其他觀眾而言，需要的時間

表8-3　影片劇本製作注意清單

- 關鍵策略洞察是什麼？你如何才能透過影片腳本來獲取消費者的聲音，並將這些洞察呈現出來？
- 如何在影片中講述故事和塑造人物形象，引發觀眾的關注，並與之建立同理心？
- 如何與故事保持同步，創造和維持劇情的張力，從而激發情感，如恐懼、遲疑、困惑、驚奇、著迷、興奮、差異或期望等？
- 時間長度：因人而異，以觀眾的接受程度為標準。

較長，故事的內容也要更豐富。根據我的經驗，二十到三十分鐘的劇本可以比較理想地敘事，而且不會讓觀眾感到乏味。最後，還需要和策略團隊分享劇本，確保選出最佳的鏡頭和故事內容。

案例 嬰兒產品召回事件之後，與利益相關群體重新建立信任

父母對嬰兒產品的選擇往往建立在對品牌的信任基礎上，有時這種信任是跨越幾個世代。我們的客戶經歷過一次嬰兒產品召回事件，儘管沒有任何孩子因為產品受到傷害，但客戶仍然擔心父母對品牌的信任打了折扣。因此，他們想要透過調查，確認這次引發廣泛關注的嬰兒產品召回事件，是否削弱了消費者對品牌的信任感。客戶請我為他們的高層團隊組織一次「策略學習之旅」，製作一個影片，讓合作夥伴重拾信心。

我們首先進行符號掃描，使用這種方式製作一些視覺圖片，可以展示給研究參與者。我們與嬰兒的母親進行四小時的民族誌訪談，地點既包括她們家中，也包括她們經常購買產品的商場。品牌的會員和高層主管將作為觀察者觀看這些過程，而全部過程由傑夫和他的同事負責拍攝製作。在最後一次訪談結束後，我們立即組織一次學習

研討會議，與合作夥伴交流觀察結果和學習成果。

當看到我們初剪的影片時，消費者洞察總監說：「看到這個影片時，我眼裡滿是淚水。」這個劇本呈現出初為人母的女性身上擔負了保護孩子免受傷害的重大責任感。維琪說：「這個小生命屬於你，所以讓人如履薄冰。」凱特說：「這不僅僅是責任，我必須為他的生命負責。」這個劇本充分展示出長期以來基於經驗、權威（兒科醫師的推薦）以及家庭傳承對品牌所建立的牢固信任感。在呈現了一個充滿幸福的前景前，劇本也展現出黑暗時刻。他們一直信賴的產品經歷召回事件，這讓他們憂心忡忡，不過對產品的信任足以讓他們重拾信心。

我們學到了重要的一點，公司必須要透過值得信賴的媒介，例如兒科醫師、藥師以及家庭經常使用的社群媒體，來坦誠解釋召回的原因。公司的全球洞察總監和產品團隊在隨後的七次影片剪輯工作中一起努力，增加一些關鍵洞察，展示他們如何在這次危機中加強與消費者的溝通交流。最終，製作成兩分鐘的精簡版影片提供給董事會觀看，十分鐘的完整版影片在員工大會上播放給兩千多名員工觀賞，告訴他們要如何更妥善地處理危機，激發他們的信心。

- 粗剪。腳本一般需要經過幾次剪輯才能打磨成型，有時從素材中選擇的片段並不合適，攝影師或編輯會提出一些新建議。我與編輯一起從策略和影片的雙重角度入手，選擇最好的片段組合成一部影片。

在編輯時可以加入其他腳本。例如，開放式案例研究中消費者的手機影片；受訪者購物時「偷拍」的影片或其他我們無法拍攝到的內容；隨身相機拍攝的鏡頭。這些素材的拍攝品質一般不高，因此需要謹慎使用，但有時能為我們提供講述故事的新角度。

最後，需要向策略團隊分享粗剪的成果，以獲得他們的認可。讓即將成為觀眾的人提前審閱這些影片，從策略和同理心角度提出建議，這也是一個好辦法。

- 終剪。最後的粗剪在獲得核准通過後，傑夫就要使出渾身解數去處理輔助鏡頭、音樂和字幕等內容。

傑夫的攝影機所拍攝的主鏡頭都是受訪者說給研究人員的話，而輔助鏡頭是由另外的靜態相機或隨身相機拍攝而成，或是由攝影師進行廣角背景拍攝。例如，房間布置、重要的手工藝品，任何能提供洞察的活動，像是幫嬰兒換衣服，駕駛汽車或是安裝新的路由器等。

配合劇本節奏，選擇不同類型的音樂。傑夫會調整音樂的高低，不會讓音樂覆蓋受訪者的聲音，而是去激發觀眾的感受。對建立同理心而言，音樂必不可少，可以將消費者的體驗更好地傳遞出去。

最後，我們會使用黑色文字投影片或字幕來更好地表達關鍵點，這樣可以幫助觀眾從影片中獲取特定的訊息。此外，我們會透過投影片將影片區分為不同的主題或章節，使用字幕把外文或講話者難以表達的內容翻譯成當地語言。還可以用字母寫出希望觀眾記住的關鍵詞，以及幾個受訪者重複提及的主題。

以下是傑夫．邁爾斯的導演筆記，供大家參考。

編輯室是創造奇蹟的地方。所有的片段經過處理，最終會成為一部優秀的作品。克萊爾會根據現場的詳細記錄，與編劇一起將故事改編成為劇本。我們有四十到五十個小時的素材，這些足夠使用了！要確保電腦儲存容量夠大，我會使用外接硬碟保存這些資料。

我們要做的第一件事是「編輯故事」。把所有的內容進行排序，就可以看到重點。然後會添加輔助鏡頭，使故事更加豐富。這就是我們在現場採集細節鏡頭的用處，可以幫助我們把受訪者的話變得更加形象、生動。

「調整音樂」是最後一步。我會把古典影視音樂、嘻哈樂和流行音樂綜合起來，頭幾秒的音樂一定要能夠抓住觀眾的注意力，確保可以同時刺激他們的視覺和聽覺。要隨著故事的轉換而改變音樂，高潮和低谷都很重要。我一般會從高潮開始，然後當受訪者談起他們經歷的病痛，或是因為時間緊張而無法為家人料理食物時，逐漸把音樂變得緩慢而又低沉。然後，隨著新產品的出現來拯救他們，音樂會再次回到高潮。要確保故事、視覺和音樂能相輔相成。

- 成片。因為文件比較大，影片一般製作成DVD，也可以將部分章節製作成電子文件。

表8-4　剪輯消費者紀錄片的注意清單

- 為確保能實現策略交流和激發同理心的目的，是否需要和策略團隊、以及作為目標觀眾的代表分享最後剪輯版本？
- 是否需要使用輔助鏡頭表現人物的生活背景，是否需要在講述故事時使用至關重要的物品？
- 為便於觀眾更輕鬆理解消費者故事，是否要使用音樂和字幕？
- 一個影片是否足夠，是否需要補充單獨的剪輯影片來表現人物的生活細節？

虛擬影片

3D影片已經流行很多年，攝影機和觀看技術已經可以讓我們對消費者的體驗進行虛擬化處理。美國《紐約時報》（*The New York Times*）是第一個把虛擬實境引入新聞領域的媒體，他們在二〇一五年十一月推出虛擬實境新聞NYT VR，觀眾可以使用Google的「虛擬實境頭戴式顯示器」（Google Cardboard）體驗VR新聞報導。NYT VR推出第一部虛擬實境短片《流離失所者》（*The Displaced*），講述敘利亞難民潮中三名兒童的痛苦經歷，觸目驚心的細節和三百六十度視角帶來了逼真的現場感和震撼心靈的效果。這讓NYT VR一夜之間成為美國最大的虛擬實境新聞提供商。

章節核心要點

1.「啟發」階段的策略目標

- 在範圍更加廣泛的利益相關者之間啟發策略行動。
- 建立可持續進行策略學習的好奇心文化，為策略同理心不斷補充養分。
- 將共同的理念賦予員工和其他利益相關者。

2. 策略敘事是傳達行銷策略的重要方式

必須透過策略敘事向組織及其他利益相關者傳達行銷策略，將目標、策略和作為根基的洞察付諸實踐，與利益相關者建立同理心。採取富有情感內容的人物敘事方式進行表達，可以讓訊息更具說服力。

3. 策略學習之旅注意事項

在實施沉浸式策略學習之旅前，應當對策略學習進行規劃。

- 確定觀眾、媒介和預算。
- 決定要使用的素材類型和方式。

4. 消費者紀錄片

消費者紀錄片是策略敘事最高效的表達方式，因為內容是透過人物敘述講述故事，賦予戲劇張力，捕獲觀眾注意力。有以下注意事項。

- 錄製訪談之前要精心準備：
  ——計畫好拍攝位置和所需裝備，例如攝影機、三角支架、燈光等；
  ——獲得受訪者的書面拍攝許可。
- 為了更好地表現人物形象和展現戲劇張力，策略團隊應當和導演一起製作劇本。
- 使用高品質且真實的消費者素材，注意保密。
- 在添加音樂和文字之前，策略團隊需要對影片進行多次剪輯。

第9章

非營利組織中的同理心策略

- 瞭解同理心策略在非營利組織中的重要性。
- 探討如何在非營利組織中應用同理心策略思想。
- 透過案例研究，介紹有用的工具和方法。

開篇案例：同理心策略和心理健康

第一次被送進精神病院時，我被鎖在一個房間裡，躺在水泥地上睡覺；第二次時，他們給我一張有被褥的床，而且還有人陪我聊天。我交到了朋友。

——一位來自烏干達的心理疾病患者

我之前從未遇過可以說知心話的醫生……但新醫生的確懂我的感受……我一直覺得一切都在我的控制中。

——一位來自英國的心理疾病患者

一家全球性的心理健康慈善機構希望喚起社會對心理疾病患者的尊重，改變社會大眾的認知。在發出倡議之前，他們希望進行一次深度洞察研究，瞭解病人、護理人員和專業人士基於各自經驗對「尊重」的理解。透過我們的線上平台PeopleBlogSpot，我們把這個工作分解為兩項任務。

- 以「心理健康中的尊重」為題，從個人體驗入手，撰寫一篇文章。
- 使用文字和圖片製作一個電子相簿，表現「心理健康中的尊重」這一主題。

我們向二十二個國家的一百八十個人發出任務，這些人是由當地相關組織所指定。有個專家團隊提供無償服務，把問題翻譯為各國語言，同時負責故事的翻譯及其他保障工作。我們得到的訊息非常豐富，為此我們從「心理健康中的尊重」的不同角度入手，將這些訊息進行分類。隨後，根據脆弱的心理疾病患者的體驗，製作一個感人的影片，同時為慈善募捐活動設計新的標識。

這兩項任務的成果在一次全球性會議上公布，並發出了慈善倡議。會議的壓軸，是一位參與線上調查的年輕女士講述她在接受幫助下和厭食症奮戰。她說：「當你折斷胳膊時，每個人都能看到你的傷口，他們會說『我們為你感到難過』、並祝福你儘快好起來。但如果你的內心受到傷害，人們卻很難看到的。」她走到現場的醫療專業人士面前，讓他們一起體驗她的感受，向他們講述自己的故事。

章引言

在之前的章節，講到制訂策略往往是一個突發性的過程，組織內部的許多人都會參與其中，而不是單純由專業人士去制訂。我們探討了以團隊為基礎的「同理心策略過程」，該過程分為三個階段：透過**沉浸**式學習與消費者、利益相關者建立同理心；**活化**內隱知識和學習，並融入策略執行中；**啟發**更多利益相關者對同理心和策略的理解。還探討在商業場景下，實施這一過程的方法和工具。

然而同理心策略思想對於許多非營利組織也非常奏效，尤其對於工作宗旨是「與弱勢族群建立同理心」的機構更是如此。本章我們將介紹「同理心策略過程」在非營利組織中的應用。

非營利組織中的「以客戶為中心」

雖然許多非營利組織的管理者對於自己的工作目標非常清楚，但並沒有做到「以客戶為中心」，而且，非營利組織在行銷策略方面也很少做嘗試。雖然非營利組織的管理者具備商業導向思維，對建立行銷策略也很熟悉，但是組織內的其他人對此會持有不同觀點。策略制訂無法取得信任，能夠吸引寶貴資源的「商業化」活動對弱勢人群幫助很少。

捐贈者被視為是「客戶」，但他們在慈善活動中的重要性低於弱勢族群，在理解「能夠為弱勢群體帶來什麼好處」時，「客戶」的概念往往被忽視。除了組織內部員工的目標不同之外，非營利組織還會招募數量眾多的志願者，這些人的動力和目標明確，但很難把他們調動起來形成共同的目標和行為。正如第一章提到的，策略往往不是事先規劃，而是突發形成。也就是說，策略是建立在「貫徹一個組織的行為模式」之上。這點在非營利組織中的表現最為明顯。

我認為「以客戶為中心」對非營利組織建構行銷策略發揮不了作用，甚至「同理心策略」這個術語對許多員工和志願者而言都非常陌生。但一個組織仍然需要對他們的核心人群、願景、宗旨、目的、經濟目標和行為計畫達成共識。換句話說，他們需要對策略目標的要素進行界定。非營利組織還需要透過制訂應變型策略向員工、志願者和捐贈者分享共同的宗旨和目標。就像第三章提到的，人們需要追隨那些有內涵、有宗旨和價值的品牌。在本章，我認為**「同理心」是建構非營利性策略的重要手段，**

因為可以對組織的宗旨和價值進行有效分享，也就是為什麼員工、志願者和捐贈者會心甘情願地為一個組織工作。

案例 照護病患時的同理心

醫學博士湯瑪斯·李（Thomas Lee）問道：「如果在醫學護理中推廣同理心，將會是什麼樣子？」對醫護管理者、護理人員、政府和產業領導者而言，病患體驗是一個熱門話題。現在的病人不僅會從醫療效果上，還會從同理心能力、以及提供病人高品質護理服務上，來判斷醫護是否稱職。

李博士指出，時至今日，醫護機構已經採用「地毯式轟炸策略，所有人都被告知要對病人的需求保持敏感」。例如，公開出版的《英國國民保健服務工作計畫》的標題就是「病人至上」，目標是「……將病人置於我們工作的核心位置」。這份文件談到「病人的權利」和「病人的回饋」，似乎在政治家、管理者、員工與病人之間劃定了醫學上的界線。然而李博士認為不能強調負面行為，而應當聚焦傳播同理心行為，傳遞同理心的益處和技術，建立最佳的醫病關係模型。

這是一種肯定式探詢方式，強調（透過敘事）發掘最有效的工作方式和組織的長期規劃。美國俄亥俄州的克利夫蘭醫學中心（Cleveland Clinic）首先提出肯定式探詢，舉辦年度「同理心與創新高峰論壇」（Empathy+Innovation Summit），希望將醫護專業人士聚集起來，不僅致力於病患或醫護人員的體驗，更加關注人類的體驗。

克利夫蘭醫學中心還舉行了一場廣告活動，圍繞同理心的主題，將病患和醫護專業人士的不同觀點彙集起來。廣告展現了病患、親屬、護理人員之間不同的想法。例如，「兒子依靠維生系統才能活著」、「無法接受治療方案」、「連續十二個小時值班終於快結束了」等。

最後提出一個非常具有挑戰性的問題：「如果你能站在別人的角度考慮問題，聽他們所言，看他們所看，感受他們的感受，你是否會採用不一樣的方式對待他們？」

「同理心策略」如何在非營利組織中發揮作用

在非營利場景下，「同理心策略」的三個階段具有內在的一致性。不過，三者各有側重點，而且在執行過程中，由於資源和組織文化的不同，一致性會有所削弱。此外，在每個案例的實施過程中，非營利機構規模和成員的多樣性，都要滿足具體的技術和利益相關者的需求。在營利性組織中，策略團隊將自己與企業服務的消費者進行定位區別，而在非營利組織中卻並非如此。

例如，慈善機構的成員很可能包含許多來自慈善機構服務的人。心理健康慈善機構「世界心理衛生聯盟」（World Federation for Mental Health）的會員身分不僅包括心理健康專家，還包括病患以及他們的家人、醫護提供者。整個會員組織都應該納入策略團隊中，不能像商業策略團隊那樣都是同一類人員。因此，在沉浸階段進行實驗性研究時，必須記住：在策略團隊中有

表9-1　參與式研究的方法

- 參與式研究是針對社會變化中的合作型、民主式的研究和行為，涵蓋那些被某一個主題所影響的人，他們會參與產生和運用知識的過程。參與式研究不斷地將參與者的價值觀進行整合，利用他們多樣化的體驗來豐富研究過程。
- 參與式研究是一個過程，針對目標、計畫、結果的行為和回饋不斷進行重複。不過，它並沒有固定的路線圖，使用上非常靈活。
- 主導參與式研究過程的領導小組成員來源廣泛、組成靈活，包括各類感興趣的主體。
- 主導參與式研究過程的領導小組代表了諸多相關族群，有時需要做出決定的關鍵問題，會與領導小組的效率和工作過程密切相關。例如：
  (1)領導小組包括哪些人？誰會成為小組的代表？
  (2)領導小組如何展開工作？多長時間舉行一次會議？
  (3)領導小組的目標和期望成果是什麼？時間如何安排？
  (4)如何進行分工，誰來主導會議？
  (5)如何召開會議，如何解決分歧？
  (6)如何分享成果，哪種傳播媒介最有效？

一部分人是在理解「他們自己的需求」。實際上，他們的內隱知識和面對服務提供者的第一手體驗對研究至關重要，是訊息的首要來源。這一點在許多方面都具有重要意義，例如在選擇研究方法和團隊工作方式上。參與式研究的方法論對理解這一點會有所幫助。

我們將透過案例來展示如何運用「同理心策略」為非營利組織制訂策略計畫。出於考量完整性，案例中會從頭到尾展示策略計畫的制訂過程：使用第三章的模型建立合作型策略學習，團隊工作採用參與式研究模式。然而，一些非營利組織並沒有使用這種策略制訂方式。他們會選擇使用「同理心策略過程」中的某些要素或方法。

這個案例是關於一個教堂，第一眼看來似乎用不上我們所說的方法。不過，教堂是非營利組織的代表，其成員有豐富多樣的需求和思想，既包括捐贈者，也包括組織服務的接受者，他們都遵守組織的宗旨和價值理念，共同去集中資源招募和動員更多的成員參與其中。

案例 教堂的策略制訂

前言

出現問題的教堂具有悠久歷史，位於美國加州一個富饒的海濱小鎮。成員大約八百人，其中四百人每週提供服務。教區歷史悠久，以中老年人為主。不過，仍然吸引著新成員搬入這一地區，尤其是那些希望孩子接受宗教教育的家庭，這是美國公立學校無法提供的。制訂策略計畫最早是由神父提出，他已經擔任這個職務長達三年。以前教區曾提出策略目標，但已經有五年了，無法完全反應現在教區的需要和期望。所以，教區委員（民主選舉的教堂「管理人員」）任命兩名教區成員共同主持新計畫的制訂工作。

前期規劃

「同理心策略過程」前期計畫階段的目標如下。

(1)確定策略主題、議程和時間安排。教區面臨的問題包括空間和多樣化，主要是尋找擴展社區的機會，容納更多的牧師，為弱勢人群提供更多力所能及的幫助。目標是以不超過一年的時間制訂一個內容完備的五年規劃，包括教區的使命和價值觀、現狀和未來目標，每個目標的戰術目的和策略行為，以及需要教區委員批准的事項。

儘管看起來似乎野心勃勃，但確定詳細的目標和行為計畫非常重要，它構成教堂成員、教區委員和神父合作的基礎。規劃的時間比較長，反應出管理參與式團隊的難度。將如此大的組織，尤其是要把其中的許多志願者有效地組合在一起，確實是很大的挑戰。

(2) 整合一個代表不同利益群體的策略團隊。最關鍵的第一步是確定涉及哪些利益群體。神父希望涵蓋所有教區的相關族群，他認為這可以完全反應大家的需求和觀點，確保不同的族群可以「一個聲音說話」。實際上，這個由二十五人組成的大機構，幾乎沒有全部參加過會議，而且人員時有增減，其他的「外部專家」也會受邀與會。不過，會透過電子郵件方式告訴每個人進展情況，並鼓勵他們參與會議。

(3) 對團隊流程達成一致。第一次會議為期一天，就策略進程做研討。團隊達成三個原則：覆蓋範圍的廣泛度、以傾聽為基礎、以共識作為團隊推動力。團隊還一致認為，會議應當包括小組活動、收集回饋和共識的晚間會議，以及一整天的研討（研究策略計畫的具體要素，包括願景、使命和目標）。團隊還利用早餐、午餐和對話建立彼此之間的良性關係。隨著時間的深入，不同族群之間透過努力達成一致，「反省」的價值逐漸清晰。花費時間對問題進行爭論非常重要，可以讓團隊作為一個整體貫徹始終。在許多場合，即便是在非宗教場景下，祈禱作為一種反省的方式，其作用是非常大的。

第一階段：沉浸

第一階段的目標是獲取分享的知識和體驗式學習，以此作為制訂策略的基礎。教區展開一些研究，並對計畫的關鍵要素進行諮詢。然而，他們並沒有展開體驗式研究，更多時候是依賴策略團隊成員和牧師的內隱知識與個人經驗。這種方式的潛在風險在於：只會強化而不能去挑戰現有觀念。儘管研究發現了一些策略團隊以

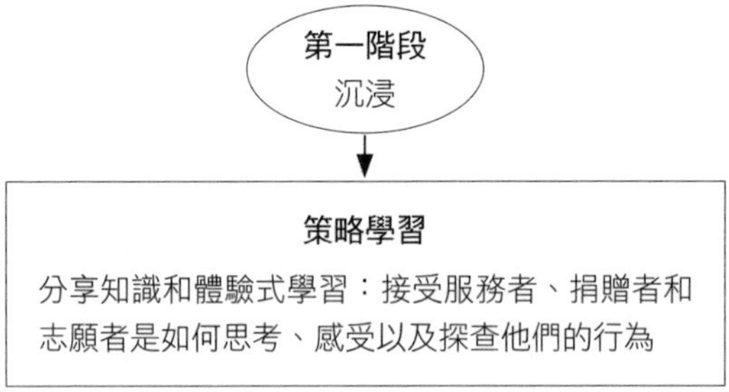
第一階段
沉浸
策略學習
分享知識和體驗式學習：接受服務者、捐贈者和
志願者是如何思考、感受以及探查他們的行為

圖9-1　非營利組織中的「同理心策略過程」第一階段

前看不到的東西，但這些成果並不能像在體驗式研究中那樣，可以讓他們發自肺腑地去理解和認可。在體驗式研究中，他們可以與教區成員和外部人士（接受救濟幫助服務的人）進行深度的觀察和訪談。下面是進行研究的類型。

(1)定性研究。教堂的日常功能主要針對年輕人或外來人群，因此第一項研究就圍繞他們展開。策略團隊分為八個小組，採用半結構化問題清單的方式，對積極主動的教區成員進行訪談。訪談的目的是瞭解他們對教堂活動的體驗以及對個人未來的設想。

(2)數據分析。對現有數據進行分析，對確定未來發展方向和目標非常重要，我們稱之為「現狀」。教區的數據庫非常陳舊，但財

表9-2　教區的定性研究反饋

策略團隊設計半結構化問卷，希望從中獲取策略規劃的關鍵要素。各小組從教區成員那裡獲得回饋，並進行圓桌討論。在第一次會議後，各小組用三週時間完成問卷調查，並在第二次會議上匯總回饋結果。問題表述如下：

- 誰是教區的重要成員？
- 描述一下五年來神父的表現。
- 神父的使命是什麼？
- 神父為誰服務？
- 教堂在這個地區的作用如何？我們怎樣才能做得更好？有哪些限制？
- 未來五年，教堂在哪些方面可以做得更好？

務人員提供了準確和即時更新的捐贈數據，這反應出一些重要訊息。例如，有十六歲以下兒童的家庭僅占該教區所有家庭的二〇%，但他們占所有捐贈者的四〇%以上。然而，就捐贈規模而言，老年人也是捐贈者的重要組成部分。這個數據可以讓團隊優化目標，分配預算。

(3) 量化研究。這種研究可以獲取對現狀和未來更加詳細的回饋。策略團隊透過一個低成本的線上網路平台，向所有教區成員發送電子郵件，進行一次簡單的調查。四〇%的人回覆了郵件，這個比例非常理想。策略團隊在調查內容中採用SWOT分析，設計開放式問題，請受訪者談談教區的優勢和劣勢，同時調查受訪者的年齡、經濟狀況、家庭和種族情況、參加教堂服務以及作為會員的時間等。SWOT分析結果出爐後，提交給教區的午餐論壇和圓桌討論。

表9-3　諮詢工作表

> 請根據剛才提供的SWOT分析結果，列出五項教區未來五年的發展目標，每個目標至少應包括優勢、劣勢、機會和威脅中的一項。
>
> 研究人員的職責：
>
> - 確保每個人自由表達，得到傾聽，他們的意見受到重視和理解。
> - 記錄討論結果。
> - 論壇結束後，與其他團隊成員一起進行三十分鐘的交流。

第二階段：活化

「同理心策略過程」第二階段的目標是分享宗旨、價值觀和策略決策，活化在第一階段中獲得的知識。團隊展開幾次為期半天和一天的研討，對一些重要任務如教區的目標和宗旨進行集中討論。其他任務，例如量化研究和設置詳細目標等，被分配給具有相關經驗的團隊成員。可以預見，這個工作過程非常漫長，每個人的精力和責任心都會下降，這就需要想一些辦法。

研討有兩個目的：一是回顧和提煉之前研討的成果，二是對策略規劃中的下一個要素進行討論。因此，需要有時間來反思在之前的會議中所做的工作，並邀請錯過會議的團隊成員提出新觀點。在實踐中，很難讓這個龐大組織中的每個人在分析體驗和感受時都感到非常舒適。而創意練習有助於鼓勵所有團隊成員表達他們的想法，允許每個

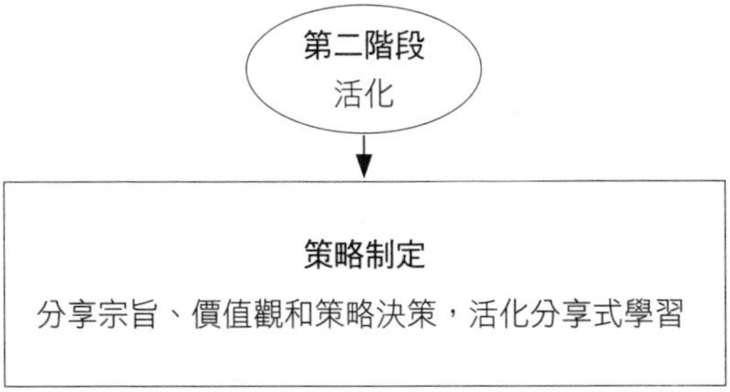

圖9-4　非營利組織中的「同理心策略過程」第二階段

人自由表達觀點，發表不同意見和進行爭論。如果主題過於敏感，可以讓成員兩兩配對進行討論。

第三階段：啟發

「同理心策略過程」的第三階段目標是：啟發利益相關者去理解組織的宗旨和策略決策。這對於制訂應變型策略和交流已經制訂的策略都大有獲益。敘事是實現這點的有效方式，因為可以讓不同的觀眾更容易理解洞察。此外，敘事中表達的情感可以將觀眾直接聯繫起來，教區策略團隊的成員正是透過這種方式為教堂的未來願景而共同努力。

從一開始就要強調溝通，利用不同的溝

表9-5　教堂創意練習模式

第一次研討為整個同理心策略過程拉開序幕，任務是讓每個人充分表達對教區使命和價值觀的看法，以及他們對未來的願景和期望。對非營利組織來說，這是一種非常好的選擇，可以解析和重構人們的思想，不用回頭看，而是往前看，去進行深入的討論，在成員之間建立同理心。 • 表達。團隊分為四個小組，把從雜誌上剪下的圖片貼在布告欄上，表達對教區的願景。隨後，每個小組提出自己的觀點，工作人員會進行記錄，一些「有價值的」詞語會記在便條紙上，例如「多樣化」、「傳統」、「愛」等。 • 匯總。所有的便條紙會貼在牆上，每個小組還會寫下他們認為最重要的東西作為補充。然後，團隊成員幫助工作人員收集這些便條紙，大家會對這些記錄內容進行討論，形成一致意見，待下次會議繼續進行討論。 • 跟進。在隨後的研討中，團隊開始起草願景和價值觀。以下是草擬的願景宣言：聖保羅教堂是一個富有包容性的教會團體，我們頌揚傳統和多樣性。我們遵循基督的話來生活，服務於周圍的鄰居。我們擁抱明天！

通管道，讓教區和當地社區參與進來。可以在聚會上介紹整個策略過程和團隊成員，徵求相關人士的意見；可以製作網頁公布發生的重要事情；可以製作影片在教區會議上播放，展示所有的工作過程和成果；可以在教堂雜誌上發表月報告，還可以在提供服務時進行口頭彙報。或許，在服務室透過音樂和說唱表達使命，可能是最有效的方式！在實施過程中會召開幾次商討會，團隊成員展示策略成果（例如願景、使命和價值觀），邀請教區成員對這些成果進行討論並回饋意見。還可以組織社區居民召開非正式的商討會。

成果

在這個非營利組織中，「同理心策略過程」有幾項重要成果，不僅可以強化成員對組織宗旨、價值觀和願景的理解，還可以讓成員學會如何做才能讓組織變得更加美好。在會議上，團隊成員對目標、目的和行動計畫進行反覆討

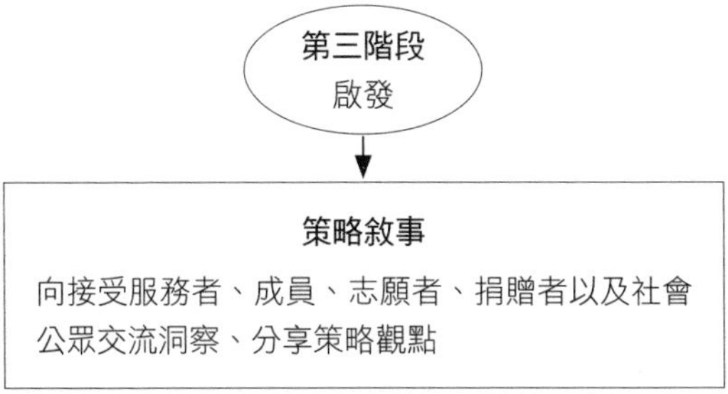

圖9-6　非營利組織中的「同理心策略過程」第三階段

論，最終確定新的發展方向。使用SWOT分析可以找到不足之處，形成新的行動意見。SWOT還可以找到限制未來發展的因素，從而推動規劃的實現，提升捐贈資金的使用效率。

沉浸式研究在非營利組織中的運用

正如同在案例中看到的，非營利組織並不傾向於進行體驗式研究，他們認為，成員的內隱知識和經驗已經足夠讓他們理解自己服務對象的需求。另外，研究成本也是一個大問題。當然，如果所有人的意見都能得到傾聽和回饋，那麼不進行沉浸式研究也是可以的，但不能因此認為沉浸式研究是沒有必要的。

要確保所有研究任務會向組織成員和服務對象、以及志願者進行公開。例如，在開放式案例研究中，我們對於使用線上研究的方法心存疑慮，而實際上，由於選擇方法的原因，一些人可能不會參與線上調查。而且，預算和時間的限制會讓我們無法親自去進行訪談。不過，我們還是會投入許多時間去鼓勵和支持參與者完成線上調查的任務。

第五章和第六章詳細介紹的研究方法、工具和思想，對於非營利組織仍然適用，以下對這些方法進行簡單的匯總。

募捐

當然，非營利組織面臨的最大挑戰之一就是募捐。下面，「同理心策略」提供三個主要目標。

- **理解捐贈者的意圖，獲取他們的支持。**

在第二章，我們討論過「理解消費者需求」的重要性：他們需要得到哪些滿足，他們期望的「品牌價值」是什麼。他們的需求可以是有形的，例如一次娛樂活動的門票，但更多的需求確實是綜合了功能、情感和社會文化，像是個人價值的自我實現。有學者指出：「非營利組織需要充分

表9-7　低成本的沉浸式研究方法和工具總結

- 內隱知識。它是對組織成員深刻體驗的總結。不過，內隱知識有時無法被清晰地表達出來，團隊也無法進行有效分析。第六章介紹的一些工具，例如深度視覺化會對此有所幫助。
- 民族誌研究。即現場觀察獲取第一手資料。例如，觀察病人的臨終體驗，與醫生、病人及家屬進行交流。透過錄製影片，這可以成為敘事的重要素材來源。志願者的故事也是激發組織和捐贈者的重要源泉。
- 定性研究。包括焦點小組和個體的訪談。許多專業人士希望可以無償做這些研究，參與者則可能希望得到一些報酬或獎勵。
- 線上研究。可以充分利用免費的線上調查網路平台，這些平台會有一些問卷範本提供參考使用。如果調查的範圍涉及全球，有的網路平台還可以讓我們進行深度洞察研究。

理解捐贈者的動機，這可以提高募捐的效率。」我們可以透過沉浸式研究，在非營利組織內部建立這種深度和分享式的理解，進而應用到不同的捐贈者身上，加強與他們的思想交流。

- **明確表達宗旨，能有效契合捐贈者的需求和價值觀**。非營利組織在與其他組織競爭捐贈資源時，需要凸顯自己的特點。宗旨可以激勵志願者，他們無償付出時間和金錢，本身就是捐贈者。「同理心策略過程」的第二階段，就是介紹表達宗旨的不同方式。
- **與捐贈者進行高效、有說服力的溝通**。研究發現，建立同理心後可以激發個人的積極情感，讓他們更願意去做奉獻。Faktum是瑞典哥德堡一家公益街頭報紙，它舉行了一場「訂購流浪漢酒店」的公益活動。Faktum將流浪漢的夜晚「住所」拍成「酒店房間」一樣的宣傳照，並標明地址等訊息上傳到活動網頁，讓用戶可以像預訂酒店房間一樣「預訂」這些「流浪漢酒店」。這種別出心裁的捐款幫助流浪漢的公益行銷活動，吸引了大量人士的參與。第八章我們介紹過如何透過個人故事建立有效溝通，這能激勵捐贈者、志願者與受幫助的人形成同理心。

章節核心要點

「同理心策略」在非營利組織中的作用

在非營利組織中，「同理心策略過程」可以消除傳統策略規劃中遇到的許多障礙。

(1)策略具有應變性特點，在組織內策略家無處不在。
(2)要求所有的利益相關者（包括志願者）投入同理心策略過程中。
(3)透過體驗式學習，瞭解需要幫助的人的需求和體驗，並與之建立同理心。
(4)強調依靠同理心驅動的交流，激發共同的信念，制訂應變型策略。
(5)在許多非營利組織中，同理心是核心價值觀，同時與員工和志願者的價值理念緊密聯繫在一起。
(6)同理心策略過程的成果，是組織宗旨和價值觀的表達與交流，這可以形成長期有效的敘事，促進募捐工作，實現社會效益。

同理心行銷（二版）：500強正在用，顛覆傳統的消費者洞察進化策略
Marketing with Strategic Empathy: Inspiring Strategy with Deeper Consumer Insight

作　　者　克萊爾・布魯克斯（Claire Brooks）
譯　　者　肖文鍵
責任編輯　夏于翔
協力編輯　賴姵如
內頁構成　李秀菊
封面美術　萬勝安

發 行 人　蘇拾平
總 編 輯　蘇拾平
副總編輯　王辰元
資深主編　夏于翔
主　　編　李明瑾
業　　務　王綬晨、邱紹溢
行　　銷　廖倚萱
出　　版　日出出版
　　地址：10544台北市松山區復興北路333號11樓之4
　　電話：02-2718-2001　傳真：02-2718-1258
　　網址：www.sunrisepress.com.tw
　　E-mail信箱：sunrisepress@andbooks.com.tw

發　　行　大雁文化事業股份有限公司
　　地址：10544台北市松山區復興北路333號11樓之4
　　電話：02-2718-2001　傳真：02-2718-1258
　　讀者服務信箱：andbooks@andbooks.com.tw
　　劃撥帳號：19983379　戶名：大雁文化事業股份有限公司

印　　刷　中原造像股份有限公司
二版一刷　2023年10月
定　　價　500元
I S B N　978-626-7261-95-8

國家圖書館出版品預行編目（CIP）資料

同理心行銷：500強正在用，顛覆傳統的消費者洞察進化策略／克萊爾・布魯克斯（Claire Brooks）著；肖文鍵譯. -- 二版. -- 臺北市：日出出版：大雁文化發行, 2023.10
336面；15×21公分
譯自：Marketing with strategic empathy : inspiring strategy with deeper consumer insight.
ISBN 978-626-7261-95-8（平裝）
1.消費者行為　2.消費心理學　3.行銷策略
496.34　　112014606